Herausgeber:
Rodrigo Hernández Cabos
Projekt Manager:
J. David Hernández Chacón
Das Konzept, die Herausgabe und die Texte stammen von Rodrigo Hernández Cabos.
Dem Team der Modellbauer, die an der Gestaltung der Dioramen mitgewirkt haben, gehörten an:
Frederik Asti er
Robert Döpp
Volker Bembennek
Javier Redondo
Luís Gómez Platón
Rodrigo Hernández Cabos
Rodrigo Hernández Chacón
J. David Hernández Chacón
Übersetzung:
Florian Riedel
Lektorat der deutschen Fassung:
Christi ane Gagelmann
Fotos:
Rodrigo Hernández Cabos
J. David Hernández Chacón
Layout:
Kommad Publicidad S.L.
Druck:
Printed in European Union
Herausgeber der Originalausgabe:
Acción Press S.A.
C/ Ezequiel Solana 16 bajo
28017 Madrid (Spain)
accionpress@euromodelismo.com
www.euromodelismo.com
Facebook: Euromodelismo
Panzer Aces
Herausgeber der deutschen Ausgabe:
ZEUGHAUS VERLAG GmbH
Knesebeckstr. 88
10623 Berlin
Telefon: 030/315 700 30
Email: info@zeughausverlag.de
Internet: www.zeughausverlag.de
ISBN: 978-3-96360-011-1

ZEUGHAUS VERLAG GmbH

euro MODELISMO
PANZER ACES

INHALT

Danksagungen

- AMMO MIG (www.migjimenez.com)
- ACRÍLICOS VALLEJO (www.acrylicosvallejo.com)
- IDEPO (www.siliconaparamoldes.net)
- BREVECO MODELS (Balsa-Foam) (www.brevecomodelling.nl)
- MINIART (www.miniart-models.com)
- MACONE MODELS (www.maconemodels.com)
- DEJUGUETE (dejuguete.es)
- EDUARD (www.eduard.com)

Bibliografische Informationen der Deutschen Bibliothek.
Die Deutsche Bibliothek verzeichnet diese Publikation in der Deutschen Nationalbibliografie; detaillierte bibliografische Daten sind im Internet über http://dnb.ddb.de abrufbar.

SCHARFSCHÜTZE

Deutschland - Frühjahr 1945

Nach den langen Winterschlachten an der Westfront erreichen die alliierten Streitkräfte schließlich das Deutsche Reich. Deutsche gepanzerte Fahrzeuge werden rarer und die Kämpfe der Nachhut oft sporadisch und von ziemlich begrenztem Ausmaß. Häufig treffen die Alliierten auf fanatisierte Einheiten - gewöhnlich Angehörige der Waffen SS - die bereit sind, bis zu ihrem Ende zu kämpfen. Ein einzelner Scharfschütze reicht gewöhnlich aus, den Vormarsch eines ganzen Bataillons zu verlangsamen.

Unsere Szene zeigt den Straßenkampf in einem kleinen deutschen Ort mit seinen traditionellen Fachwerkhäusern. Die Idee bestand darin, das Schicksal vieler GIs zu zeigen: Ein erster Soldat wurde von einer Kugel getroffen und liegt nun voller Pein mitten auf der Straße. Da die Straße weit und breit die einzige passierbare Route ist, kommt die gesamte Kolonne zum Halt, wenn sie nicht den Verwundeten überfahren will. Ein zweiter Soldat versucht, den Verwundeten von der Straße zu holen, wird dabei aber ebenfalls getroffen. Ein deutscher Scharfschütze hat sich hier offenbar gut versteckt auf die Lauer gelegt, aber die Panzerbesatzung ist sich noch nicht sicher, auf welches der Häuser sie das Feuer eröffnen soll, um den Gegner auszuschalten …

Von Frederik Astier

BAU

1. Wenn ich mit einem neuen Projekt beginne, mache ich immer einige Skizzen und Zeichnungen der Szene, die ich erschaffen möchte. Die Handlung der Szene soll in den Monaten März bis April 1945 stattfinden, und ich werde im Diorama ein für eine Kleinstadt typisches Fachwerkhaus integrieren.

2. Sobald sich die Idee in meinem Kopf gefestigt hat, baue ich ein dreidimensionales Modell des Dioramas aus Papier. Ich versehe das Haus auch schon mit einer Zeichnung des Fachwerks, der Türen und Fenster. Die Positionen der Figuren im Diorama werden jetzt ebenfalls schon grob festgelegt.

FENSTER

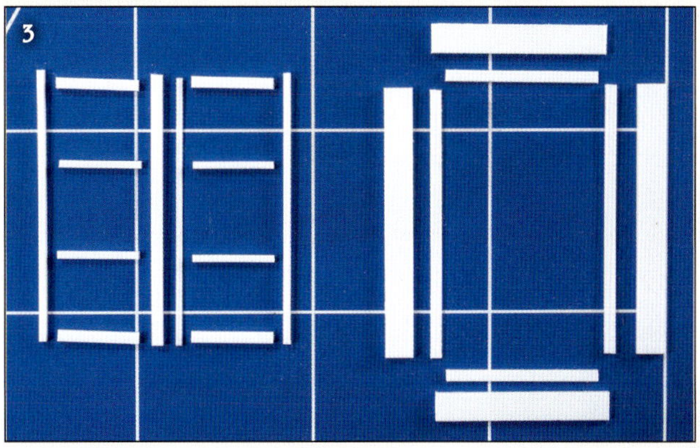

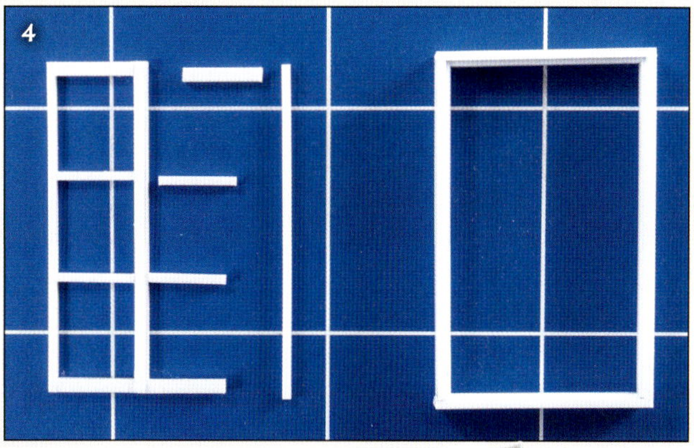

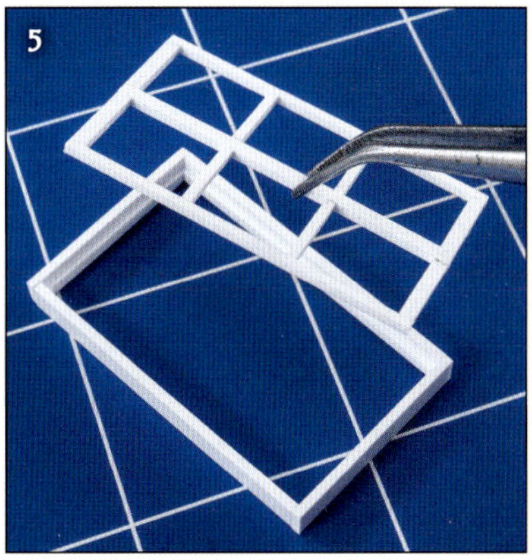

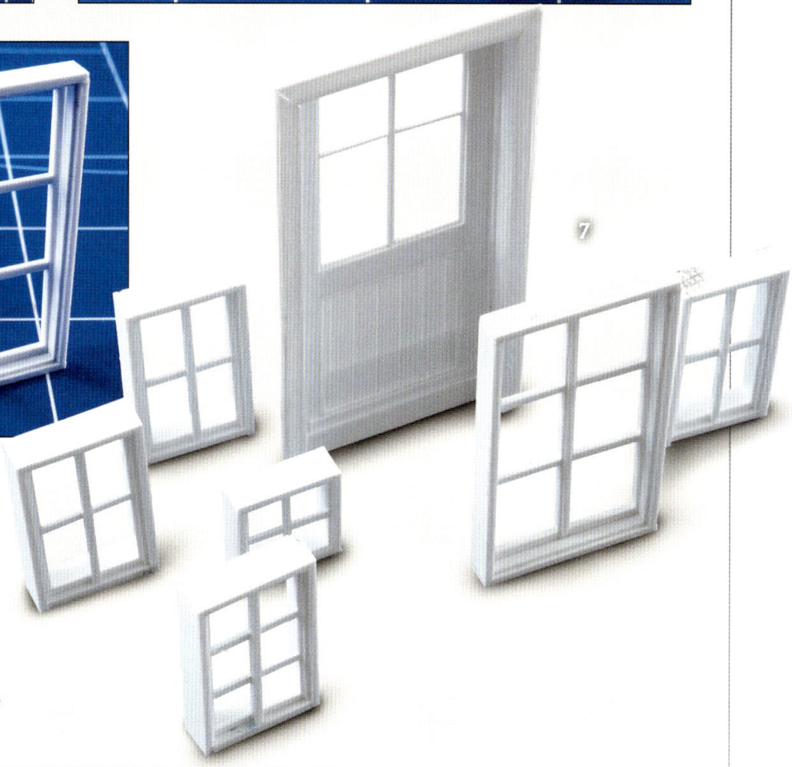

3. Die Fenster des Hauses werden aus Profilen von Evergreen zusammengebaut.
4. Der Rahmen wird als separates Teil gebaut.
5. Das Fenster wird in den Rahmen gesetzt, es kann so, je nach Wunsch, entweder offen oder geschlossen eingebaut werden.
6. Das Fenster ist nun fertig für den Einbau ins Haus.
7. Auf diese Weise entstehen mehrere Fenster und eine Eingangstür für das Fachwerkhaus.

8. Das Papiermodell wird auf ein FoamBoard (Leichtschaumplatte mit Kartonbeschichtung) übertragen und ausgeschnitten.

9. Die Kartonbeschichtung wird vorsichtig von der Vorderseite entfernt.

10. Die Position des Fachwerks wird mit einem Bleistift eingezeichnet. Das Fenster wird temporär auf dem FoamBoard platziert, um als Referenz zu dienen.

11. Leisten unterschiedlicher Abmessungen werden aus einem Holzblock zugesägt. Ich verwende überwiegend Linden- und Raminholz, da Balsaholz zu weich ist.

12. Die Balken werden den Abmessungen auf dem Foamboard gemäß zugeschnitten.

13. Die Fachwerkteile platziere ich nun auf dem FoamBoard, klebe sie aber noch nicht fest.

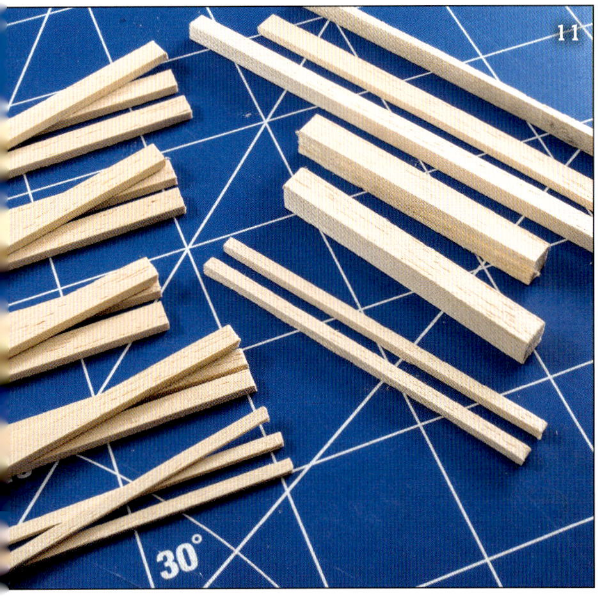

14. Ich presse die einzelnen Leisten mit dem Finger in den Leichtschaum.

15-16. Nach dem Eindrücken hinterlassen die Leisten Vertiefungen im Schaum. Die Holzleisten können so später beim Verkleben mit Weißleim leicht platziert werden.

17

18

19

17. Beim Vorbild ist das Fachwerk oft nicht glatt, sondern weist grobe Bearbeitungsspuren auf. Mit einem Bastelmesser kann ich die einzelnen Balken vor dem Verkleben noch mit diesen Spuren versehen und sie texturieren.

18. Die verschiedenen Teile des Fachwerks werden nach Bedarf installiert. Die an die Fenster grenzenden Teile werden entlang der vorübergehend aufgelegten Fenster ausgerichtet.

19. Die Balken werden zurechtgeschnitzt, bevor sie angebracht werden.

20. Sobald alle Fachwerkteile montiert sind, werden die Fensteröffnungen aus dem FoamBoard herausgeschnitten.

21. Die Fenster werden nun eingesetzt, um zu prüfen, ob sie gut passen. Sie werden vor dem endgültigen Einbau separat bemalt.

20

21

22. Das Haus beginnt Form anzunehmen.

23. Ein Modellierwerkzeug dient nun dazu, die Risse in den Balken so realistisch wie möglich nachzubilden.

24. Mit Foam Armour von Deluxe Materials versiegele ich den Schaumstoff. Er erhält dadurch eine dauerhafte und harte Oberfläche.

22

23

24

DER KLEINE ANBAU:
Holzhaus aus Plastikplatten

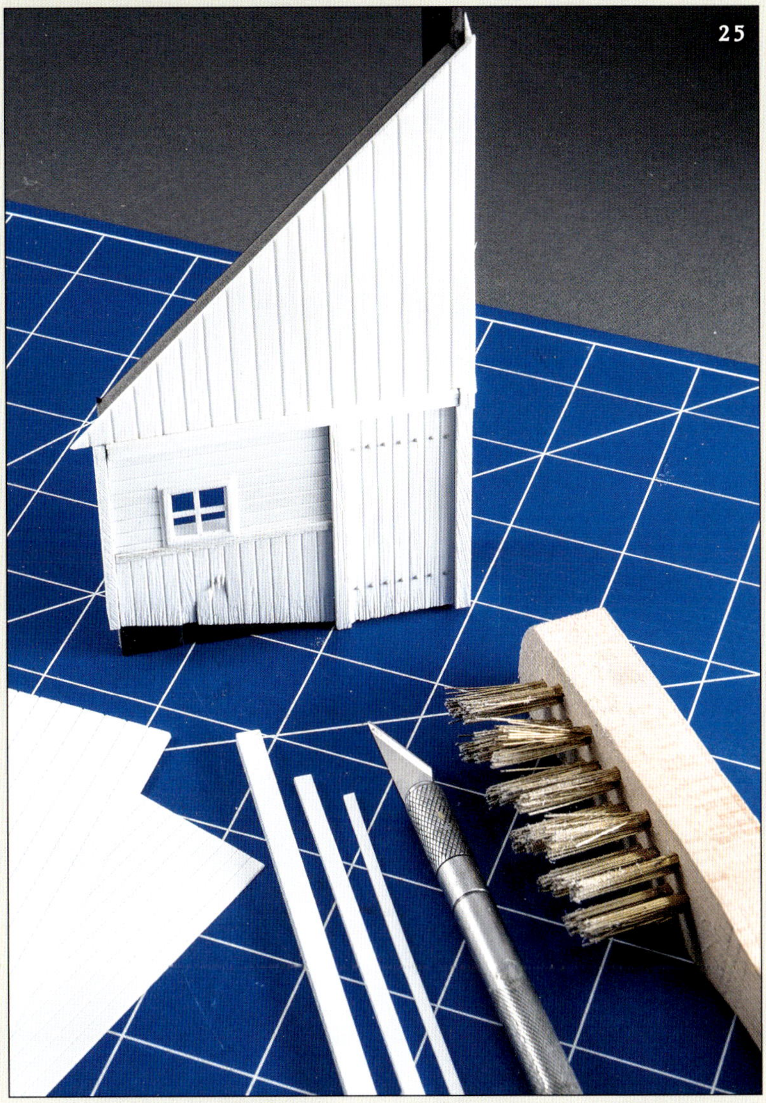

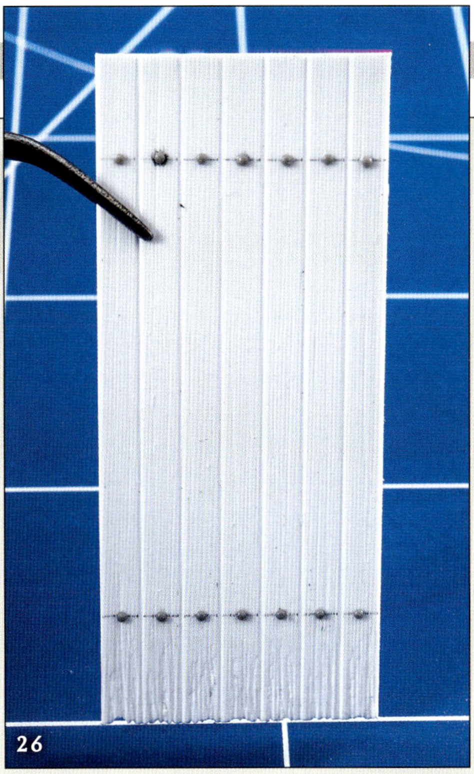

25. Der kleine Anbau wird aus verschiedenen Profilen und Profilplatten von Evergreen gebaut.

26. Einige Nietenköpfe von Meng werden auf der Tür angebracht, um große Nägel darzustellen.

27. Mit dem Bastelmesser wird die Holzmaserung im unteren Bereich der Tür simuliert, um eine vorbildgerechte Abnutzung dieses Teils der Tür nachzubilden.

28. Die Balken bestehen ebenfalls aus Kunststoff. Auch in sie wird die Holzmaserung einfach mit dem Bastelmesser eingraviert.

29. Bei größeren Flächen kann die Holzstruktur auch gut mit einer Drahtbürste wiedergegeben werden.

DER BRUNNEN:
Stein aus Modelliermasse

30. Der kleine Brunnen besteht zum größten Teil aus Zweikomponenten-Modelliermasse. Sie besteht aus einer gelben und einer blauen Masse, welche miteinander verknetet Grün ergeben.

31. Die Innenseite des Brunnens wird später kaum sichtbar sein und wird deshalb einfach aus einer geprägten Kunststoffplatte mit Mauermuster von Slatter geformt. Um sie in Form zu bringen, wickele ich sie einfach um einen Zylinder mit geeignetem Durchmesser.

32. Zu diesem Zeitpunkt wird die Mauerplatte nur mit etwas Klebeband fixiert.

33. Auf die Mauerplatte wird nun die vermischte Modelliermasse 7 bis 8 mm stark aufgetragen, und die Steine werden mit einem Modellierwerkzeug geformt.

34. Um die Steine realistischer wirken zu lassen, presse ich einen echten Stein in die Oberfläche der Modelliermasse und erhalte so eine überzeugende Textur.

35. Nach dem Trocknen der Masse kann der Zylinder entfernt werden.

30

31

32

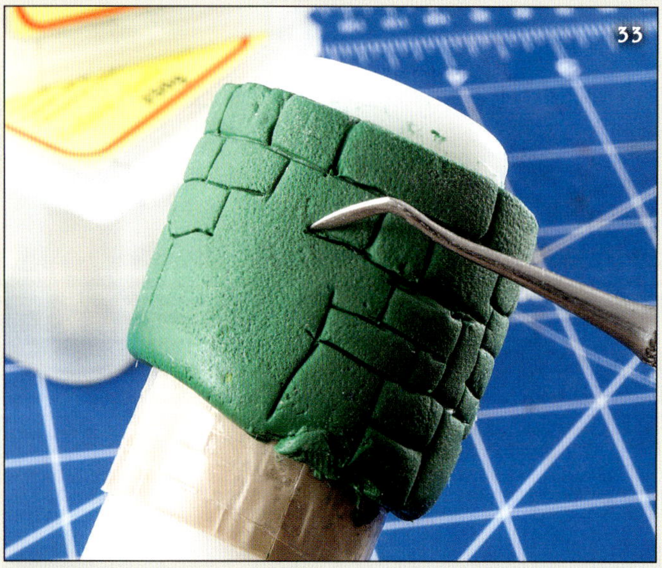
33

34

35

DER PFEILER: Ziegel aus Styrodur

36

37

38

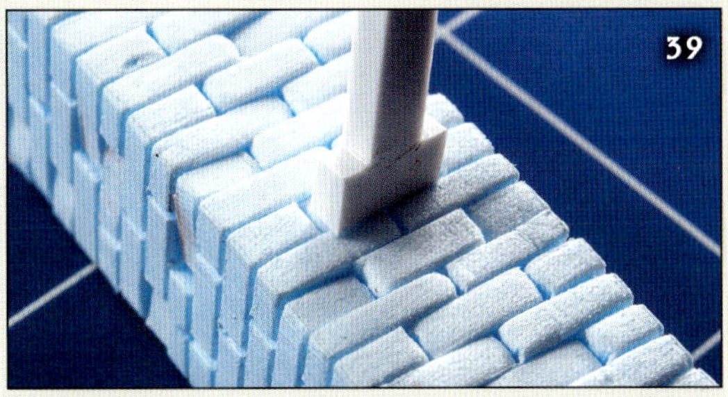

39

40

36. Styrodur dient als Material, aus welchem der Pfeiler entsteht. Ich folge dabei dem Beispiel des talentierten Modellbauers Per Olav Lund. Um gerade Ziegelreihen zu erhalten, verwende ich eine lange Klinge, die ich etwa 1 mm tief in das Styrodur drücke.
37. Die vertikalen Vertiefungen zwischen den Ziegeln werden mit dem Bastelmesser geprägt.
38. Der fast fertige Pfeiler.
39/40. Mit einem Stück Kunststoff, das ich auf die Größe eines Ziegels zuschneide, imitiere ich nun einige nicht sorgfältig ausgerichtete Ziegel. Dafür presse ich das selbstgefertigte Werkzeug einfach in das Styrodur, bis mir das Ergebnis zusagt.

41

42

41. Bei der Arbeit am Haus entstehen Risse im Schaumstoff. Das Foam Armour Produkt arbeitete mit diesem speziellen Schaumstoff nicht wie gewünscht zusammen, und ich musste nun die Risse verspachteln.

42. Dazu trage ich mit einem flachen Colourshaper Gips auf die Risse auf.

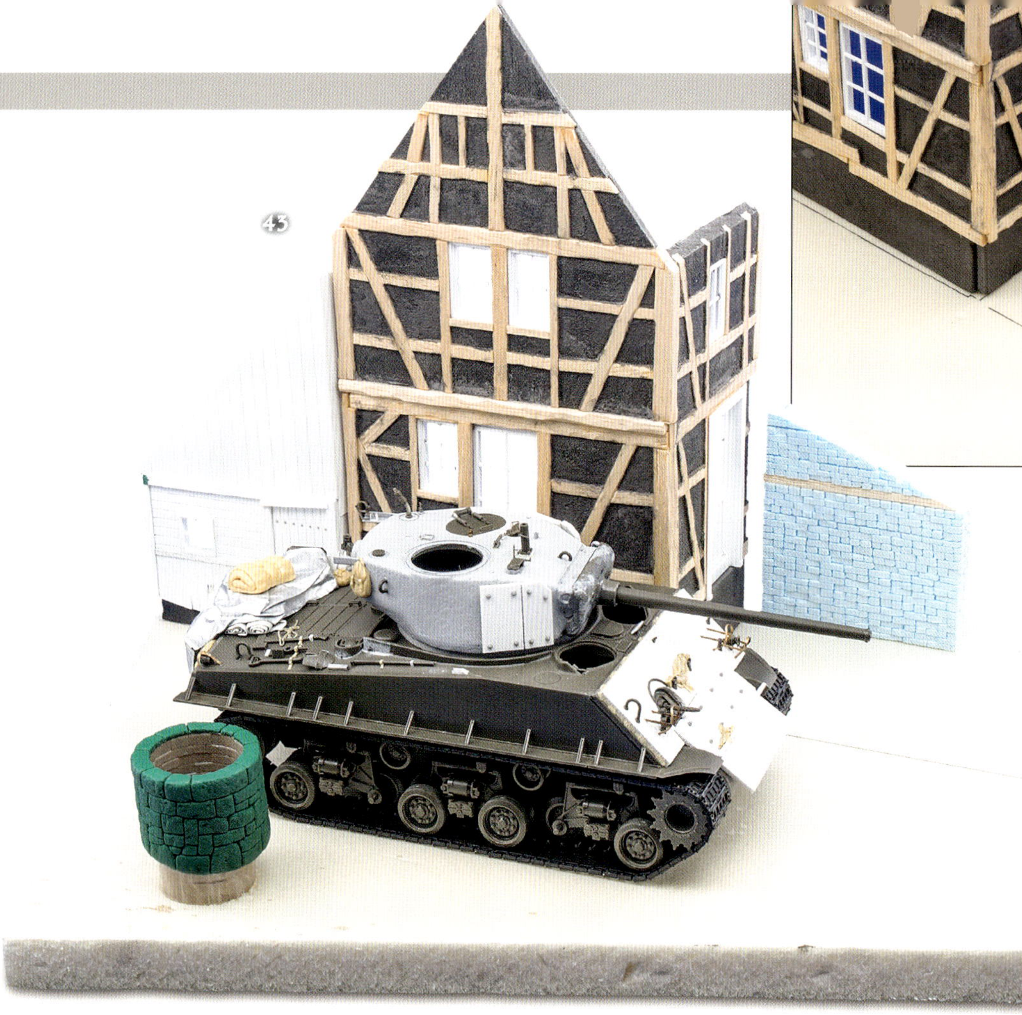

43. Die Hauptbestandteile der Szene werden auf einer Schaumstoffplatte, die normalerweise als Isolierungsmaterial dient, platziert, um die Komposition und Balance der Szene zu überprüfen. Die gesamte Szenerie wird später in einen schwarz gestrichenen Bilderrahmen gesetzt.

44. Die Postion des Hauses wird auf die Grundplatte übertragen und der Platz für den Pfeiler einfach mit einem Filzstift markiert.

PFLASTERSTEINE: Unter Verwendung von FoamBoard

45. FoamBoard wird auch für den Bau des Pflaters verwendet. Nach dem Ausschneiden der äußeren Form wird wieder die Kartonbeschichtung auf der Oberseite entfernt.

46. Die Stöße zwischen den einzelnen Bodenplatten werden sorgfältig mit einem Modellierwerkzeug eingeprägt. Ein Bastelmesser kann hierfür auch verwendet werden.

47. MIt einem Metalllineal werden nun Teile einiger Platten eingedrückt, um nicht ganz eben verlegte Platten darzustellen.

48. Die nicht eben verlegten Platten tragen stark zu einem realistischen Erscheinungsbild bei. Dieser Schaumstoff ist ein sehr einfach zu bearbeitendes Material.

49

50

51

52

53

54

49. Die Textur der Plattenoberflächen kann durch Aufdrücken groben Schleifpapiers geschaffen werden.

50 bis 53. Die Stufen werden jede für sich angebaut. Sie überlappen jeweils 1 bis 2 mm.

54. Die verschiedenen Elemente des Hauses werden platziert, um zu prüfen, ob alles miteinander harmoniert oder noch Anpassungen vorgenommen werden müssen.

STEINMAUER: Zweikomponenten-Modelliermasse

55. Es wird eine aus zwei Komponenten bestehende Modelliermasse verwendet, die auch häufig als “Green Stuff” bezeichnet wird, um das Steinfundament des Hauses nachzubilden. Ich beginne damit, dass eine Schicht Modelliermasse auf den zu bearbeitenden Bereich aufgebracht wird.

56. Die Masse erhält durch Eindrücken eines Steines ihre Textur.

57. Die Fugen werden jetzt mit einem Modellierwerkzeug modelliert.

58. “Green Stuff” ist ein wunderbares Mittel, um das Steinfundament nachzubauen.

DACH: Verfeinerung einer handelsüblichen Dachplatte

59. Das Ziegeldach stammt aus dem Hause MiniArt. Die Textur der Platte wird mit einem Bastelmesser weiter herausgearbeitet.

60. Einige Beschädigungen werden durch das Beschneiden einzelner Ziegel nachgebildet, so dass das Ganze realistisch wirkt.

61. Das Dach wird nun auf dem Haus befestigt. Plastikprofile dienen als Dachabschluss, Bleifolie als Abdeckung des Dachfirstes.

62. Die Brunnenwinde baute ich aus Evergreen-Profilen. Einige brachte ich so in Form, dass sie wie schmiedeeiserne Verzierungen wirken.

63. Der kleine aus Ziegeln bestehende Anbau entstand aus Styrodur und wurde mit einem Wellblechdach versehen, welches aus einem Set für Architekturmodellbauer stammt. Der gepflasterte Vorplatz erhielt noch ein Fundament aus "Green Stuff".

64. Alle Elemente werden platziert, bevor es nun an den Prozess der Bemalung geht.

65-67. Die US Soldaten stammen von der nun nicht mehr im Geschäft befindlichen Modellbaufirma Verlinden.

68. Der gefallene deutsche Soldat ist eine recht alte Figur (von Jaguar oder Warriors).

69. Nach einem Gespräch mit meinem Freund Rodrigo werden die Figuren verschoben, um die Szene noch viel koheränter zu machen. Alle Elemente des Dioramas sind nun bereit für die Bemalung.

BEMALUNG DES DIORAMAS

70. Ich verwende Tamiyas Sprühgrundierung, um die verschiedenen Teile des Dioramas auf die Bemalung vorzubereiten.

71. Der Anbau wird mit dem schwarzen Mr.Surfacer von Mr.Hobby eingesprüht und 24 Stunden trocknen gelassen.

72. Der Schuppen wird nun mit Beige eingesprüht. Eine hervorragende Farbe, die auch bei der weiteren Bemalung zum Einsatz kommen kann.

73. Mit einem mit Aceton getränkten Pinsel feuchte ich unterschiedliche Flächen an. So reißt die Farbe auf und man erhält einen verwittert wirkenden Farbauftrag. Seien Sie dabei jedoch vorsichtig! Es sollte sehr sachte vorgegangen werden, sonst löst man die zuvor aufgetragene Farbe komplett ab. Nach dem Trocknen wird die Farbe wierder fest und ist nicht mehr so empfindlich.

74. Aceton ermöglicht Ihnen, wunderschöne leichte Verwitterungseffekte darzustellen.

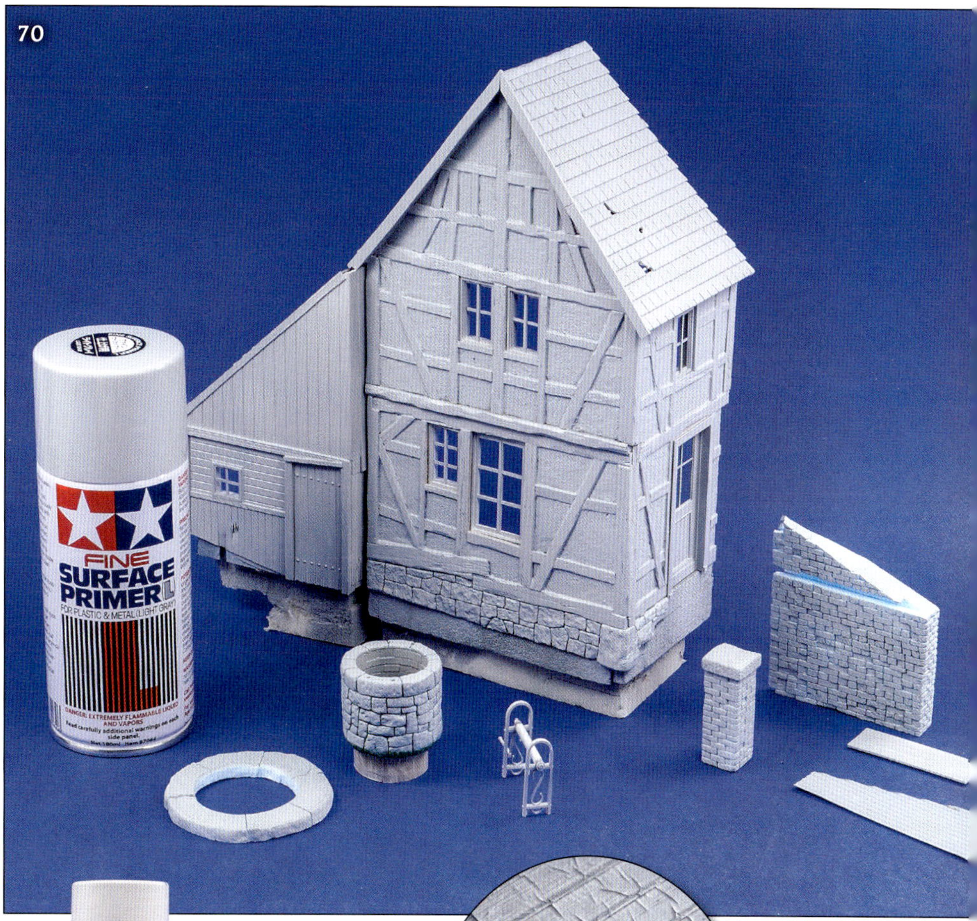

70

71

72

73
74

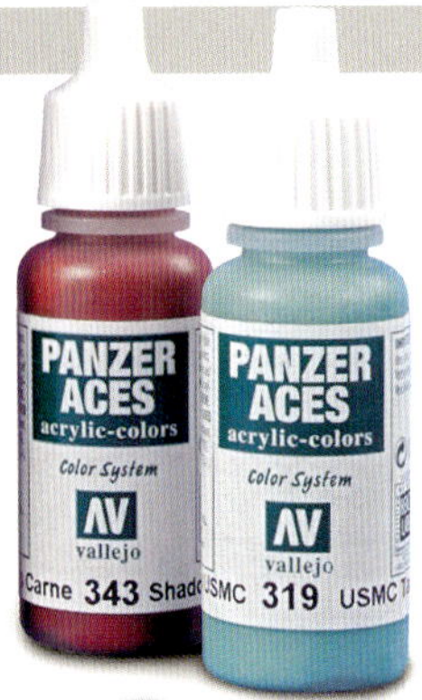

75

75. Die Grundfarben für den Anbau sind Vallejos PanzerAces Acrylfarben Schatten Hautfarbe (343) und US-Marine-Korps Panzeruniform (319).

76. Patina und Farbnuancen werden durch Hinzugeben von Weiß, Schwarz und Beige zu den Grundfarben erzielt.

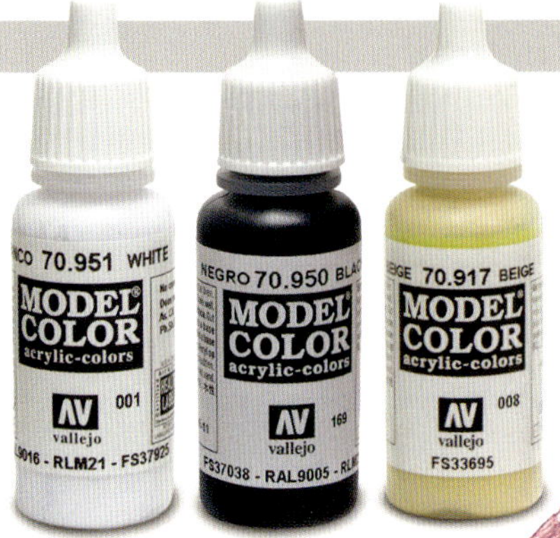

76

77

77. Nach der Bemalung montiere ich das Schloss und den Griff an der Tür. Der Griff besteht aus einem Stück Draht, das Schloss entstand aus einem Stück Plastikprofil.

BEMALUNG DER ZIEGELMAUER

78. Die Ziegel werden mit verschiedenen Vallejofarben, die von Orange bist Rostrot reichen, bemalt.

79. Der Mörtel wird nachgebildet, indem ich Gips mit dem Finger in den Fugen verteile.

80. Normaler Gips eignet sich dafür hervorragend. Überflüssiger Gips kann vor dem Abbinden leicht mit einem feuchten Schwamm entfernt werden.

81. Das Wellblechdach wird mit einer rostbraunen Farbe bemalt, auf die ich nun mit einem Stück Schaumstoff rot-orange-Rostfarbe auftupfe.

82. Das Resultat erscheint recht realistisch, und der kleine Anbau kann im Diorama befestigt werden. Die abschließende Patina erhält er zu einem späteren Zeitpunkt.

78

79

81

80

82

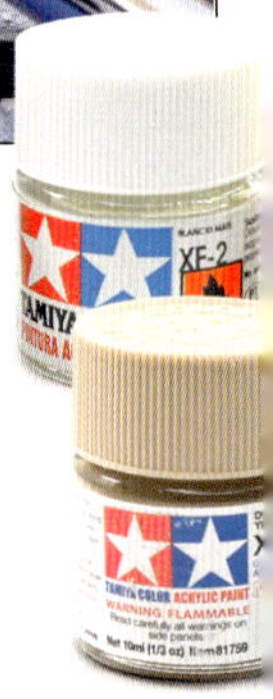

83. Der erste Schritt bei der Bamlung des Hauses ist die Bemalung des Fachwerks mit einer dunkelbraunen Farbmischung (XF-1 und XF-64 von Tamiya).

84. Die Flächen zwischen den Balken werden mit einer weißlichen Mixtur bemalt (XF-2 mit einem Tropfen XF-59 von Tamiya).

85. An diesem Punkt wirkt die Bemalung des Fachwerks sehr gleichmäßig und flach, obwohl die unteren Bereiche der Gefache bereits schattiert wurden.

86. Um eine Zenit-Beleuchtung zu erzielen, werden die unteren Bereiche der Gefache mit stark verdünntem Braun schattiert.

87. Auf diesem Bild ist zu sehen, dass die Oberseiten der Balken aufgehellt werden, um deren Volumen herauszuarbeiten.

88. Die Balkengrundfarbe (XF-1 + XF-64) wird mit etwas XF-57 aufgehellt. Mit dem Airbrush wird diese Mischung nur auf die Oberkanten der Balken aufgesprüht. Ganz im Sinne einer zenithalen Lichtquelle.

89. Die Steine des Brunnens und des Hausfundaments werden mit verschiedenen Vallejofarben handbemalt. Auch hier wird die zenithale Lichtquelle beachtet und die einzelnen Steine oben heller bemalt.

90. Das Fachwerkhaus ist fast fertig bemalt.

91. Sehr leichte Acryl-Washes mit "Schwarz" und "Ölige Erde" werden nur auf den Balken aufgetragen. Die Washes betonen die Holzstruktur.

92. Nun müssen nur noch die Fenster eingesetzt werden, um das Haus zu komplettieren. Das Betrachten einer Anzahl an Bildern von deutschen Wohnhäusern ließ mich bemerken, dass die Fenster oft nur sehr leichte Verschmutzungen aufwiesen.

BEMALUNG DES DACHS

93. Die Ziegel werden in Rot- und Orangetönen mit dem Airbrush bemalt. Auf dem Bild kann man erkennen, dass der obere Teil des Daches noch nicht schattiert wurde.
94. Die Schattierung geschieht Ziegelreihe für Ziegelreihe, indem die angrenzende Reihe mit einem Stück Karton abgedeckt wird. Mit dem Airbrush sprühe ich einen stark verdünnten Braunton als Schattierung auf den oberen Bereich der Ziegelreihe.
95. Eine Anzahl an Washes mit einer Mischung aus Schwarz und Öliger Erde von Vallejo hebt die Struktur der Ziegel hervor. Eine Schicht Glanzlack schützt zum Abschluss das bemalte Dach.

96. Die Fenster und deren Rahmen werden bemalt, und anschließend werden Vorhänge in der passenden Größe ausgedruckt. Das Fensterglas besteht aus transparentem Kunststoff und wurde mit "Glue'n'Glaze" von Deluxe Materials eingeklebt.
97. Sobald die Fenster verglast sind, schneide ich mit einem Bastelmesser einige Sprünge auf der Hausinnenseite in die Scheiben.
98. Die Kratzer sind durch den transparenten Kunststoff hindurch gut sichtbar. Da sich die Schnitte auf der Innenseite befinden, ergibt sich beim Betrachter ein besserer Kontrast.
99. Die Vorhänge werden innen gegen die Fensterrahmen geklebt.
100. Nach dem Einbau der Fenster ins Haus geben sie und die Vorhänge ein realisches Bild wieder.
101. Das Glas der Eingangstür ist an mehreren Stellen beschädigt. Inspiriert von zeitgenössischen Fotos setzte ich ein Stück Karton als Ersatz für eine fehlende Scheibe ein.
102. Die Türklinke entstand aus Evergreen Profilen. Der Porzellangriff wurde durch Bemalen mit glänzendem Weiß von Vallejo dargestellt.

102

101

103

104

103. Das Schuhmacherzeichen besteht aus Kunststoffprofilen und und Platten. Die Kunststoffstreifen formte ich, indem ich sie um einen etwa 1 mm dicken Metallstift wickelte.

104. Die Einschusslöcher im Gebäude werden mit dem Bastelmesser geschaffen. Es reicht aus, die Holzoberfläche mit der Messerspitze anzukratzen.

105. Ich trug "Slimy Grime Dark" aus der "nature effects" Reihe von Ammo auf, um dem Fundament ein feuchtes Erscheinungsbild zu geben.

106. Der "Slimy Grime Dark" Wash von Ammo ist recht effizient, wenn Moos im unteren Bereich des Fundaments dargestellt werden soll.

105

106

107. Für den unteren Bereich des Brunnens kommt ebenso "Slimy Grime Dark" zum Einsatz.

108. Die Stufen zur Eingangstür erhalten einen Filter (Green for Gray Green) und anschließend einen Wash in den Ecken mit "Slimy Grime Dark" .

109. Die verschiedenen Filter und Washes machen diesen Teil der Szene viel realistischer.

110. An der Ziegelmauer trage ich im unteren Bereich einen grünlichen Wash auf, um die Farbgebung der Ziegel mit denen des Bodens zu harmonisieren.

111-112. Die Wände des Anbaus werden ebenfalls mit Produkten von Ammo gealtert, um ihnen einen vorbildgerechteren Look zu verleihen.

113. Jetzt, da die Hauptelemente des Dioramas bemalt sind, muss die Straße gestaltet werden.

114. Verschieden stark texturierte Pasten finden sich im Angebot von Vallejo. Einige sind auch in unterschiedlichen Farbtönen erhältlich.

115. In diesem Bild sehen Sie verschiedenfarbige getrocknete Texturpasten.

116. Ich trage eine Mischung aus “Wüstensand” und “Dunkle Erde” auf, um die Straße und den Rest des Geländes auf meinem Diorama nachzubilden. Die Pasten sind ziemlich klebrig. Selbst mit einem Künstlermalspachtel fällt es mir schwer, eine gleichmässige ebene Oberfläche hinzubekommen. Ich schätze, diese Produkte sind für kleinere Flächen gedacht.

117

117. Um mehr Textur zu erhalten und den Kies, den man an den Strassenrändern findet, darzustellen, entschließe ich mich, eingefärbten Gipsbruch verschiedener Korngrößen einzusetzen.

118

119

118. Die Gipssplitter werden zufällig wirkend auf die noch feuchte Vallejo-Masse gestreut.

119. Mit dem Finger drücke ich den verstreuten Gips auf die Masse, welche dadurch als Klebstoff wirkt.

120

121

120. Verschieden gefärbter Gips wird unterschiedlich fein zerstoßen und dient als Streu.

121. Der gesamte Untergrund ist von eingefärbtem und zerstoßenem Gips bedeckt.

122. Um den zerstoßenen Gips zu versiegeln, trage ich eine Schicht “Sand & Gravel Glue” von Ammo auf.

123. Der Boden soll ein einheitliches Bild abgeben, weshalb ich noch eine sehr dünne Gipsschicht mit dem Pinsel auftrage.

124. Sobald er trocken ist, wirkt der Gipsboden sehr realistisch.

125. Verschiedene Alterungsprodukte von Ammo kommen nun zum Einsatz, um dem Boden eine noch realistischere Farbgebung zu verleihen.

126. Einige Stellen behandele ich mit “Wet Effects” von Ammo, um Feuchtigkeit und kleine Pfützen darzustellen.

127. Die Bereiche entlang des Fundaments erhalten ebenfalls einen Auftrag mit “Wet Effects”.

128

129

130

131

132

133

134

128. Ich verteile Moos aus Accions “Landscapes in Detail” Reihe zu Füßen der Ziegelmauer und verklebe es mit Weißleim.

129. Kleine Papierblätter von Ammo werden einzeln auf die Szene geklebt.

130. Auch wenn unser Diorama das Frühjahr 1945 zeigt, ist es nicht ungewöhnlich, dass man besonders im ländlichen Raum viel Laub um die Häuser herum findet.

131. Das Moos verteile ich in vielen Ecken.

132. Zusätzlich werden “Slimy Grime Light” und “Slimy Grime Dark” Washes aufgebracht, um die Feuchtigkeit in diesen Bereichen zu betonen.

133. Kunstgrasfasern (Joefix Studio), Landscapes in Detail Moos und die Blätter von Ammo tragen stark dazu bei, die Szene natürlich wirken zu lassen.

134. Moos wird auch freigiebig an der Stelle auf dem Wellblechdach verteilt, an der es an das Haus stößt.

135

136

135. Hinter die Tür setze ich einige alte Holzbretter (eine echte Fummelarbeit), um einen provisorischen Schutz der Bewohner vor den Kriegshandlungen darzustellen.

136. Zerbrochene Ziegel von Juweela werden auf den Stufen platziert, um zu zeigen, dass einige Ziegel vom Dach gefallen sind. Sie werden mit “Sand & Gravel Glue” von Ammo fixiert.

137

138

139

137. Um den Brunnen herum werden kleine Tropfen Weißleim gesetzt. Er soll die nun folgende Vegetation befestigen.

138. Ich bedecke den Bereich großzügig mit einer Mischung aus Gras und Moosstreu. Halten Sie sich nicht zurück, viel Material auf Stellen mit wenig Klebstoff zu streuen.

139. Sobald das überschüssige Streumaterial entfernt ist (dazu muss nur das Diorama kopfüber gedreht werden) bleibt nur die Vegetation an den Stellen übrig, an denen ich den Klebstoff aufgetragen hatte.

140. Ich füge auch viele abgestorbene Blätter hinzu.

141. Entlang des Anbaus verklebe ich eine Mischung aus Gras und künstlichem Moos.

142. Das Ergebnis ist ziemlich überzeugend.

143-144. Joefix Grasbüschel sorgen hier und entlang des Fachwerkhauses für Abwechslung in der Vegetation.

145. Die Einschüsse in den Gefachen werden mit Vallejos "Ölige Erde" Wash verfeinert.

146. Die Fensterscheiben werden mit einem stark verdünnten Wash, der mit dem Airbrush aufgetragen wird, verschmutzt und anschließend mit einem in Verdünner getauchten Pinsel überarbeitet.

147. Das Dach wird durch den Auftrag von etwas "Slimy Grime Dark" für die Darstellung von leichter Vermoosung und durch orangefarbene Pigmente bei den zerbrochenen Ziegeln fertiggestellt.

148

149

150

151

152

148. Pigmente werden unregelmäßig auf den Boden des Dioramas gesprenkelt.

149. Das Schild wird an der Hausecke angebracht und mit etwas Rost an der Basis der Halterung versehen.

150. Der Anbau, in typischen Farben ländlicher Gebiete bemalt, trägt dazu bei, Farbakzente in der Szene zu setzen.

151-152. Der Brunnen wird durch die Montage der Winde vervollständigt. Sie wird noch mit verschiedenen Rosttönen überarbeitet und schließlich mit einem Takelgarn aus dem Schiffsmodellbau versehen, das als Seil für den Eimer dient.

153. Der Boden der Szene ist jetzt fertiggestellt, und die verschiedenen eingesetzten Techniken haben erfolgreich dabei geholfen, ein realistisches Resultat zu erzielen.

153

154. Die Bereiche der Szene, welche weniger wichtig erscheinen, werden nicht ignoriert und tragen zum Gesamterscheinungsbild bei. Auch ein genauer Betrachter des Dioramas kommt so auf seine Kosten. Dies erlaubt es auch Ihnen - dem Modellbauer - sich an allen möglichen Bau und Bemalungstechniken auszuprobieren.

155. Inspiriert durch viele Fotografien deutscher ländlicher Gebäude werden viele Eigenheiten traditioneller Wohnhäuser wiedergegeben. Alle Details werden mit Patina und Alterung versehen, um dem Betrachter den Eindruck von Realismus zu vermitteln, was ja das Ziel von uns Dioramen-Modellbauern ist.

154

155

U.S.A.
3034521

U.S.A

156. Das deutsche Fahrrad stammt von Masterbox. Es ist ein sehr detailliertes Modell mit vielen Fotoätzteilen. Der Bausatz erlaubt den Bau von drei verschiedenen Versionen. Ich entscheide mich für die Variante mit den am Lenker befestigten Panzerfäusten.

157. Das Fahrrad wurde mit Acrylfarben von Vallejo bemalt.

158-159. Die Figuren erhalten eine Untermalung mit Tamiyas Dunkelgelb XF-60 für die Uniformen und XF-15 für die Haut. Anschließend werden sie mit Vallejofarben handbemalt. Die Gurte entstehen aus 0,15 mm starker Aluminiumfolie und werden, nachdem die Bemalung abgeschlossen ist, angeklebt.

160. Das Blut wird mit einer Reihe Rottönen von Kadmiumrot bis Navy Brown gemalt.

161. Die Blutspuren auf der Straße verraten uns, dass der GI schon eine Menge Blut verloren hat. Die Spuren werden vor der Aufnahme der Gesamtansichten noch einmal überarbeitet.

VORBILDFOTOS (Mont Saint-Michel, Frankreich)

LA SIRENE
SOUVENIRS DU MONT ST MICHEL
CRÊPERIE

HOTEL

EINE FAHRZEUG-VIGNETTE IM GROSSEN MASSSTAB

Präsentation der Zündapp KS750 von Revell im Maßstab 1:9

Der Hauptgrund für den Bau dieser Szene war weniger eine Geschichte zu erzählen, als einen würdigen Schauplatz für ein großmaßstäbliches und stark modifiziertes Modell zu schaffen, in das ich bereits viel Arbeit hineingesteckt hatte: Revells 1:9 Zündapp KS 750.

Meine Hauptziele bestanden darin, die Szene möglichst klein zu halten und das Modell gut von allen Seiten einsehbar zu machen. Ersteres Ziel war mir wichtig, da jeder Quadratzentimeter mehr Dioramenfläche in diesem Maßstab auch eine Menge mehr an Gewicht bedeutet und das fertige Diorama so schwerer zu handhaben sein würde.

Trotzdem war ich mir bewusst, dass auch nur eine einfache Geschichte, die mit der Szene dargestellt würde, stark zum Modell beitragen könnte. Ich entschied mich für eine kleine zerstörte Brücke, die den Fahrer davon abhält, seine geplante Route fortzusetzen und er gezwungen ist, nach einer Ausweichroute zu suchen. Dies hieß, dass eine Fahrerfigur von Anfang an eingeplant werden musste. Glücklicherweise konnte ich auf meine Erfahrungen mit einer früheren Szene im Maßstab 1:24 zurückgreifen (Siehe Euromodelismo, Nr. 262/263). Neben dem beschränkten Raum für die Komposition, welche es nötig macht, das Mauerwerk aufzuschneiden, fügte ich noch mindestens zwei weitere Aspekte hinzu, da ich noch nicht völlig zufrieden war: Der Brüstung wurde ein Pfeiler hinzugefügt, um sie interessanter zu machen, und die ungepflasterte Straße wurde mit einem Kopfsteinpflaster versehen.

Von Robert Döpp

KONSTRUKTION

Wenn möglich habe ich es immer vorgezogen, einen kreisrunden Holzsockel zu verwenden. Das gedrechselte Holz bietet eine saubere Oberfläche, und die Kreisform minimiert den freien Raum, der von der Fokussierung auf das Modell ablenken könnte.

1. Der Ausgangspunkt ist ein einfaches Stück Karton, das ich in den richtigen Abmessungen kreisförmig ausschneide. Die Positionierung der Brüstung in einem Winkel zum Modell schafft Platz für die Fahrerfigur, die ich plane, komplett selbst zu bauen.

2. Um Platz zu sparen, möchte ich die Figur sich gegen den Pfeiler in der Brüstung lehnen lassen. Diese Entscheidung macht das ganze Projekt komplizierter, da der fertige Pfeiler auf die fertiggestellte Straße gesetzt werden muss, bevor die Figur an beide angepasst werden kann.

ZIEGEL

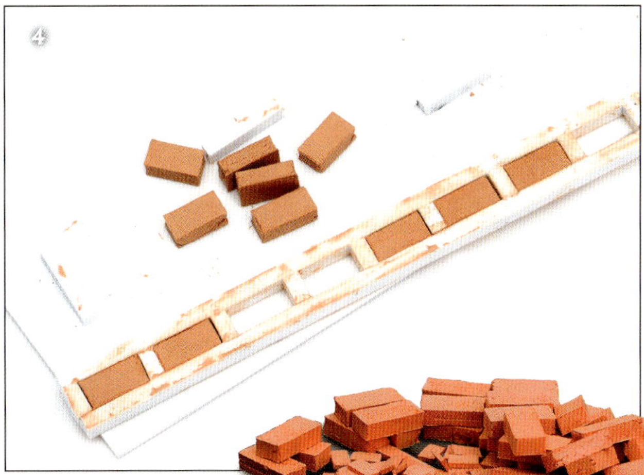

3-4. Die Ziegel fertige ich aus einer lufttrocknenden Modelliermasse, die ich mit einem kleinen Spachtel in aus Kunststoff gefertigte Formen presse. Die Form muss von beiden Seiten gefüllt werden, um vernünftig geformte Ziegel zu erhalten.

5 Das getrocknete Material wird auf den aus Kunststoffplatten gebauten Grundkörper mit Weißleim geklebt.

6. Die Abschnitte aus Naturstein werden aus Magic Sculpt geformt. Da der Holzsockel noch nicht vorhanden ist, muss ich die Steine am Rand weglassen, um sie später passgenau nachzumodellieren.

7. Die gepflasterte Straße entsteht ebenso aus Magic Sculpt. Ich lasse eine Reihe Pflastersteine an der Verbindungsstelle zwischen Brücken- und Straßensegment weg. Diese Pflastersteine werden später hinzugefügt. Eine vorübergehende aber feste Verbindung zwischen beiden Segmenten ist für das Verlegen des Pflasters nötig.

8

8. Sobald die Steine ausgehärtet sind, schließe ich die dazwischenliegenden Fugen mit Andrea Sculp, das bereits die richtige Farbe hat.

9

9. Die Ziegel werden mit variierenden Mischungen stark verdünnter roter, brauner und orangefarbener Enamel-Farbe bemalt.

10

10. Zwei Schichten Acryllack von Tamiya (x-21/X-22) dienen dem Schutz der Ziegel beim Verfugen der Mauer mit weißer lufttrocknender Modelliermasse.

11

11. Jetzt können beide Segmente dauerhaft miteinander verbunden werden, und ich kann die fehlenden Pflastersteine sowie die Natursteinabdeckung der Ziegelbrüstung und des Pfeilers hinzufügen. Dies ist nötig, um mit der Bestimmung der Pose der Figur zu beginnen.

HOLZSOCKEL

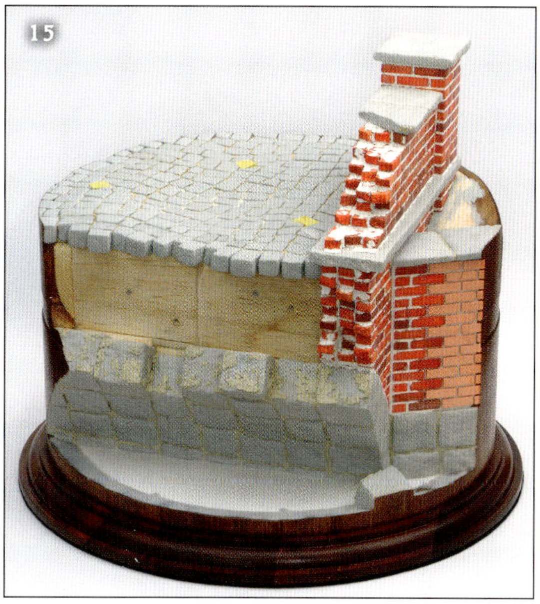

12-13. Ein Freund von mir drechselte für mich den kreisrunden Sockel und ich sägte dann die Öffnung und schliff die Kanten zurecht, bis das Diorama perfekt hineinpasste.

14-15. Sobald die Szene eingepasst und saubere Übergänge geschaffen sind, klebe ich die Szene im Sockel fest. Die Spalten zwischen Szene und Holzsockel werden gefüllt und die Details sorgfältig bis zum Sockelrand weitergeführt. Sobald dies geschehen ist, verfüge ich bereits über ein Diorama, das über 6 Kg wiegt!

16. Ein runder Sockel legt die Blickrichtung des Betrachtes nicht fest, sondern regt dazu an, das Diorama aus jeder Richtung zu betrachten. Folgerichtigerweise führe ich auch das Namensschild um den ganzen Sockel herum. Es entsteht aus einem Druck in Fotoqualität, der mit klarem Klebeband geschützt wird. Das Namensband wird in einer in den Sockel gedrechselten Nut versenkt. Das "Werksschild" wird später hinzugefügt und reflektiert die Ästhetik der Szene.

DIORAMA-DETAILS

17. Die Pflastersteine werden mit Hilfe von grobem Schleifpapier, einem Zahnstocher und einem Messer geformt. Die Struktur wird durch stark verdünnte Enamel-Farben von Revell herausgearbeitet.

18. Ähnliches geschieht bei den Natursteinmauern. Hier variiere ich die grauen Farbtöne, indem ich Nass-in-Nass mit kleinen Mengen Braun und Orangetönen hineinarbeite.

19-20. Die Fugen zwischen den Pflastersteinen werden mit Gips gefüllt. Anschließend erhält das Pflaster einen Wash mit Revell Matt 87.

21. Die Füllung, welche an der Abbruchkante der Brücke zu sehen ist, wurde mit Gips angelegt, anschließend mit Weißleim bedeckt und mit Sand und feinen Steinchen bestreut.

22. Noch sichtbarer Gips wird durch den Einsatz verschiedener brauner Enamel-Washes unsichtbar gemacht.

23. Die weißen Mörtelfugen bilden einen sehr starken Kontrast zu den Mauersteinen. Ich beginne deshalb, das Ganze zuerst mit einem stark verdünnten schwarzen Enamel-Wash abzumildern. Der Wash hatte auf die Fugen eine stärkere Auswirkung als auf die zuvor versiegelten Ziegel. Danach befestige ich an stärker vermoosten Stellen Streuflocken mit Weißleim. Die Flocken erhalten ebenfalls einen Wash mit Humbrol Matt 80, aber nur ganz leicht, und werden an einigen Stellen auch mit Gelb aufgehellt.

24-25. Aus miteinander verdrehten Kupferlitzen forme ich das Geäst des Efeus. Die Drahtstruktur wird unter mehreren Schichten Sekundenkleber und etwas Spachtelmasse versteckt, bevor der Efeu bemalt und schließlich im Diorama eingeklebt wird.

26

27

26-27. Da ich in diesem großen Maßstab keine fertigen Blätter fand, musste ich mir welche selbst anfertigen. Ich machte ein Foto von echten Blättern und legte dabei ein Lineal daneben. Auf diese Weise konnte ich sie mit Photoshop leicht auf den richtigen Maßstab verkleinern. Farbe und Größe der Blätter variieren und ich spiegelte das Bild, um eine doppelte Anzahl an verschiedenen Blättern zu erhalten. Letztlich druckte ich die Blätter auf Papier aus, schnitt sie zurecht, faltete sie, sprühte sie mit Klarlack ein und klebte sie an die vorbereiteten Äste.

28

29

28 -29. Die Arbeiten an den Ziegel- und Steinmauern werden mit dem Hinzufügen von farbenprächtigen Flechten fortgesetzt. Sie geben dem Gemäuer farbliche Variationen und entstehen aus Ölfarbmischungen, Pigmenten und einigen Flocken.

30. Ich kann für diesen Maßstab nur wenige überzeugende Pflanzenprodukte finden. Diese wenigen vermische ich mit einer Menge Gras, das aus einem eingefärbten Pinsel mit natürlichen Borsten gewonnen wird. Ein Freund hilft mir auch aus, indem er mich in einer Kiste mit natürlichen Materialien unbekannter Herkunft plündern läßt.

30

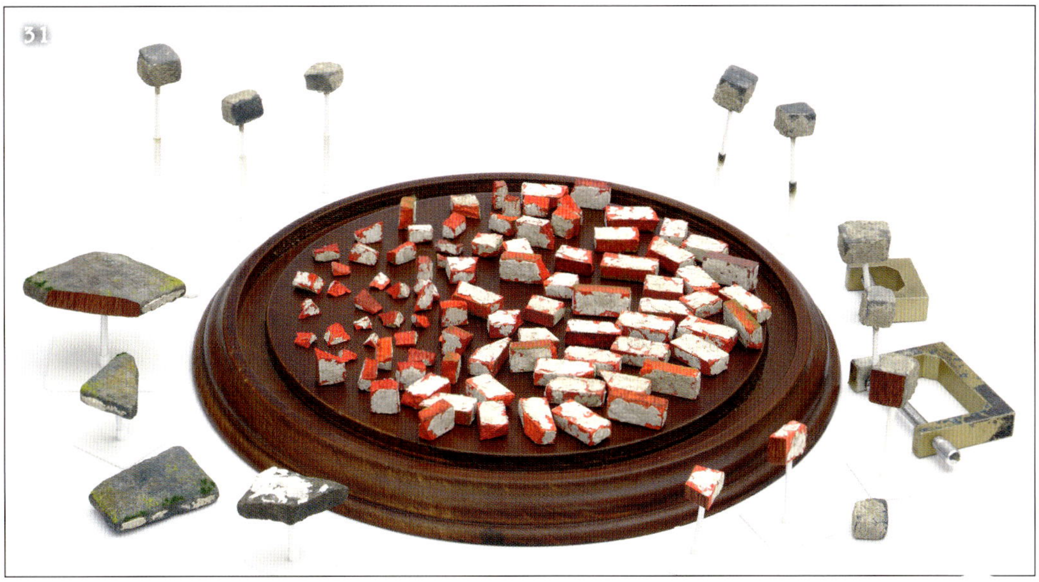

31-32. Während ich die verschiedenen Steine für die Brücke baue, fertige ich auch unterschiedliche Elemente an, die entlang der Bruchkante verteilt werden sollen. Besondere Sorgfalt verwende ich dabei auf wenige Steine, die über die Schnittkante herausreichen werden und deshalb mit einer Außenseite aus Holz versehen werden müssen.

33. Farbtupfer schaffe ich durch die Beigabe von einigen Eichenblättern, die auf die gleiche Weise wie die Efeublätter entstehen. Da zum Zeitpunkt des Baus Winter war und ich deshalb keine frischen Eichenblätter in der Natur finden konnte, nutzte ich Bilder aus dem Internet, die ich ebenfalls in Photoshop verkleinerte.

34. Feiner echter Ziegelschutt wird hinzugefügt und großzügig mit Mörtelrückständen versehen, welcher aus zerstoßenem weißen Ton gefertigt wird. Nun wird alles farblich mit variierenden Enamel-Washes angeglichen.

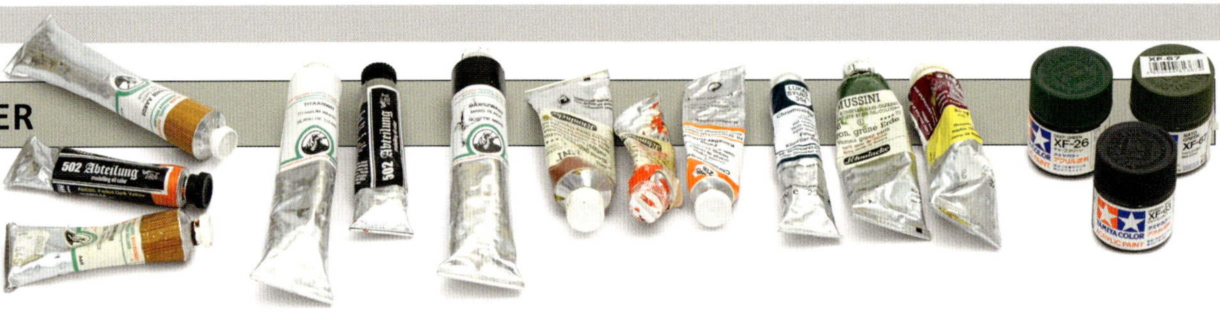

35-36. Das letzte Element ist das Wasserstück. Aufgrund der geringen Höhe der Szene ist der Einsatz von gießbaren Wasserprodukten ausgeschlossen. Nicht nur die Ballance der Szene würde durch die zusätzliche Höhe gestört werden, auch die damit verbundene starke Gewichtszunahme war nicht wünschenswert. So versuche ich, Tiefe durch eine einfallsreiche Bemalung zu erzeugen. Ich male kaum sichtbaren, sich unter der Wasseroberfläche befindlichen Schutt. Für die Bemalung sprühe ich die Wasseroberfläche zuerst mit Acrylfarben von Tamiya ein und male darauf anschließend mit Ölfarben.

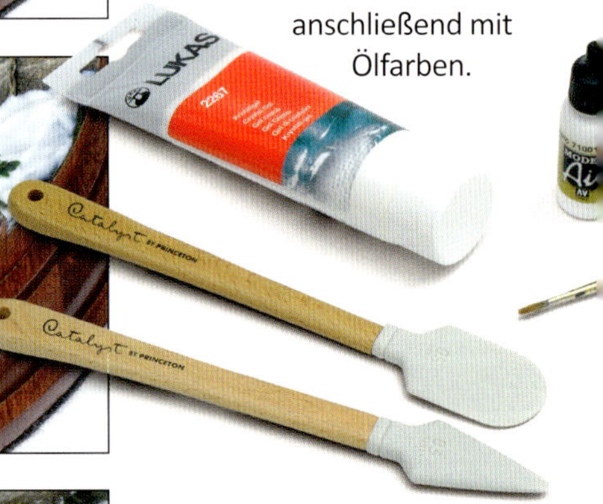

37 - 39. Nach dem Trocknen versiegele ich die Fläche mit Klarlack von Tamiya (X-22). Die Wellenstruktur "Crystal Gel" von Lukas spachtele ich mit Silikon-Palettmessern in zwei Durchgängen auf. Ungünstigerweise entstehen dabei eine ganze Menge von Blasen, die vor dem Trocknen nicht sichtbar waren, da das Gel im feuchten Zustand milchig ist. Glücklicherweise kann ich sie aber durch das Hinzufügen von Schaum, der aus mit Acrylfarbe weiß eingefärbtem "Crystal Gel" geformt wird, verstecken.

HISTORISCHER HINTERGRUND

Im August 1944 kämpfte die "I. Abteilung" des "Panzerregiment 26" - jene Einheit, zu der meine Zündapp gehört - in Litauen mit der "Division Großdeutschland", um die Rote Armee daran zu hindern, die Ostsee zu erreichen und damit die "Heeresgruppe Nord" zu isolieren. Während dieser Kampfhandlungen zwischen dem 16. und 20. August versuchten die Deutschen erfolglos, die Stadt Schaulen auf der anderen Seite des Flusses Venta zurückzuerobern (siehe Ockert/Urbanke, Seiten 60ff). Meine kleine Szene könnte also dort stattgefunden haben, als der Motorradfahrer versuchte, einen kampfunfähigen Panzer zu erreichen.

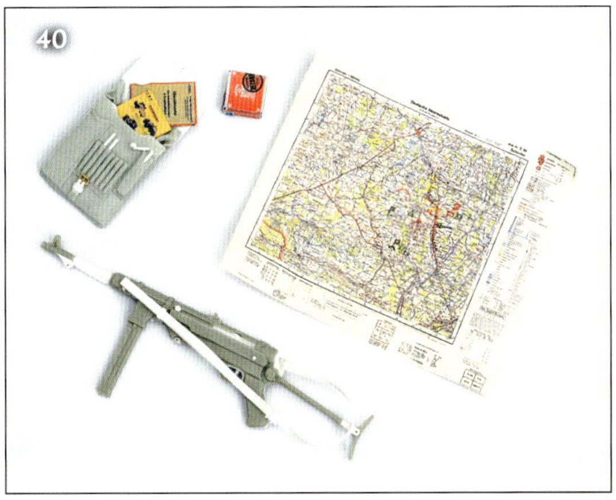

40-41. Ich hatte Glück und konnte eine Heereskarte aus dem Jahr 1944 für die Gegend um Schaulen im Intenet finden. Aufgrund der eher dramatischen im Diorama dargestellten Situation zeigte ich nur wenige hastig ausgepackte Ausrüstungsstücke.

FIGUR

ZÜNDAPP

WH 32 542

WH 32 542

WH 32 542
R. DOPP WERKE
G.m. b.H.
Hannover
Zündapp Typ KS

WH
32 542

Spurweite 118cm

KONSTRUKTION

Die stabilen gebrannten Ziegel waren eine Weiterentwicklung der mit Stroh vermischten in der Sonne getrockneten Ziegel. Sie stellen ein uraltes Baumaterial dar und entstanden parallel zu den anderen Tonobjekten für den alltäglichen Bedarf der sesshaftgewordenen Zivilisationen. Die Farbe der Ziegel reicht von Weiß bis Schwarz mit einer unbegrenzten Menge an dazwischenliegenden Abstufungen in Ocker-, Orange und Rottönen.

Auch wenn sich in unseren Köpfen das typische Ziegelrot festgesetzt hat, finden wir beim Vorbild kaum diesen einheitlichen „roten Ziegel" Stereotyp. Es gibt keine definitive Ziegelfarbe, wenn man sich das in den Gebäuden verbaute Material genau betrachtet.Für die maßstäbliche Umsetzung dieses Baumaterials eignet sich nichts besser als die Ziegelform von DE JUGUETE.

1. Die Formen werden mit dem Laser aus Kunststoff geschnitten, und das ideale Ziegelmaterial sind DAS Pronto oder andere lufttrocknende terrakottafarbene Modelliermassen.
2. Wir nehmen ein Stück Masse und pressen es gegen die Form. Wir können entweder die gesamte Form befüllen oder nur einige Ziegel.
3. Wir versuchen, dass die Masse auf der Rückseite der Form wieder heraustritt.
4. Mit dem Griff eines Bastelmessers oder eines anderen Metallzylinders drücken wir die Masse in die rechteckigen Aussparungen.
5. Wir nehmen soviel Masse, dass sie übersteht.

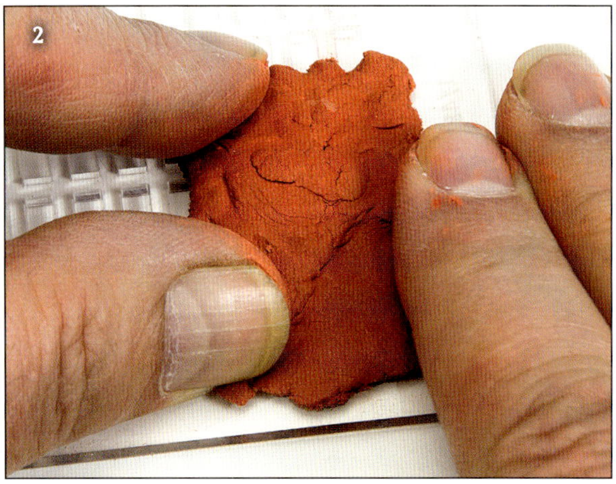

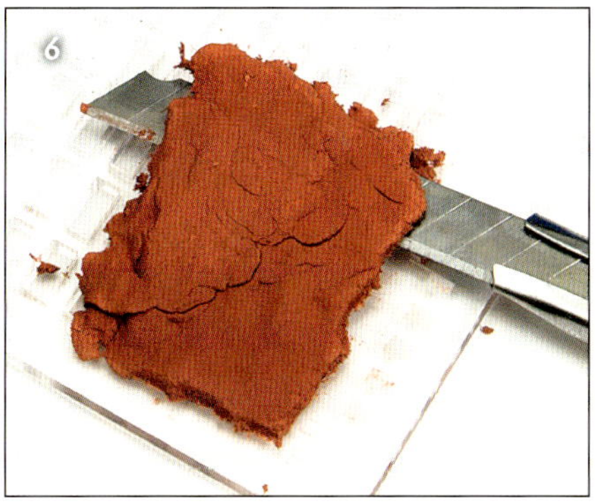

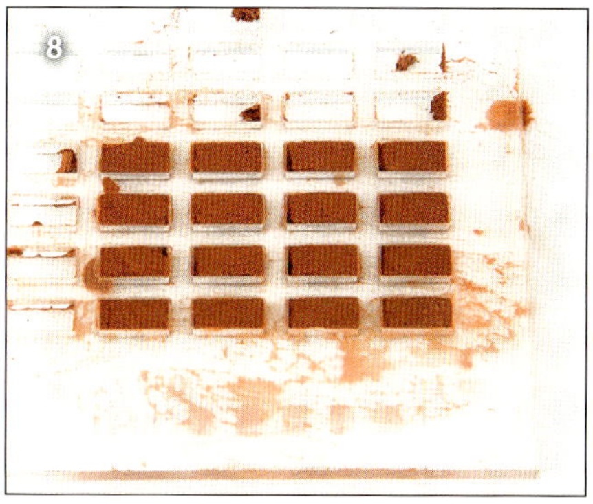

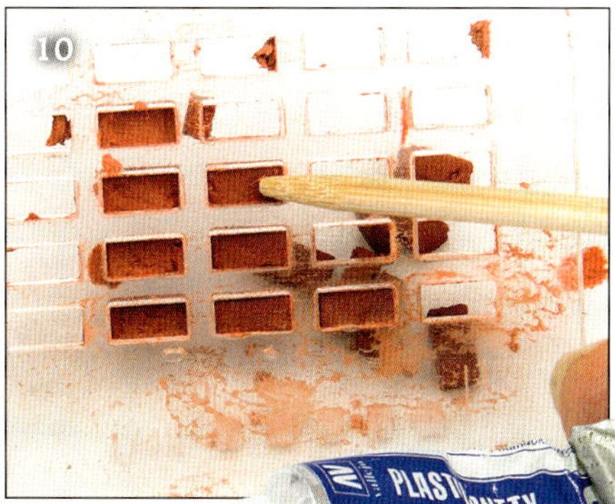

6. Wir schneiden den Überschuss mit einem Messer weg.

7. Mit einem angefeuchteten Finger streichen wir über die Ziegeloberflächen.

8. Alle Ziegel sind nun perfekt glatt und ziemlich gleichmäßig.

9. Nach etwa 20 Minuten sind die Ziegel fest genug, um sie mit der Fingerspitze aus der Form entfernen zu können.

10. Sollten die Ziegel nicht herauskommen, können wir sie mit einem Stückchen Holz in geeigneter Größe herausdrücken.

11. Wir legen die Ziegel auf ein Stück Haushaltspapier und lassen sie dort mindestens einige Stunden trocknen.

12. Für den Zusammenbau der Ziegelmauer verwenden wir Plastik-Putty von Vallejo (401) als Mörtel. Es kann auch “White Stone Liner” (26.234) verwendet werden.

13. Wie beim Bau einer echten Mauer setzen wir etwas Spachtelmasse unter den Ziegel und auf die Seite des angrenzenden Ziegels.

14. Wir drücken den Ziegel in die Masse, und sie quillt dabei wie beim Vorbild unter dem Ziegel hervor.

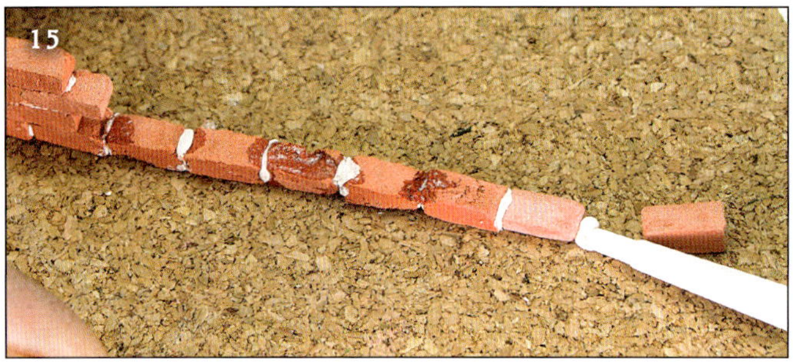

15. Wir können die Ziegel aber auch flach übereinander schichten; diese Vorgehensweise ist beim Bau von Mauern und Fassaden weit verbreitet. Die vorhergehende wird eher für Trennwände im Inneren eines Gebäudes eingesetzt.

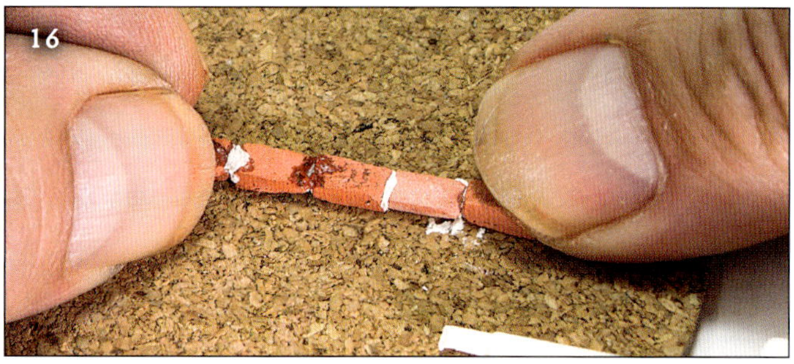

16. Sobald die Spachtelmasse aufgetragen ist, drücken wir den Ziegel mit leichtem Fingerdruck hinein.

17. Damit die Mauer stabiler wird, können wir die Ziegel in regelmäßigen Abständen mit einem Tropfen Cyanacrylatklebstoff verkleben.

18. Sobald die erste Reihe fertig ist, tragen wir über die ganze Länge einen Strang Spachtelmasse auf.

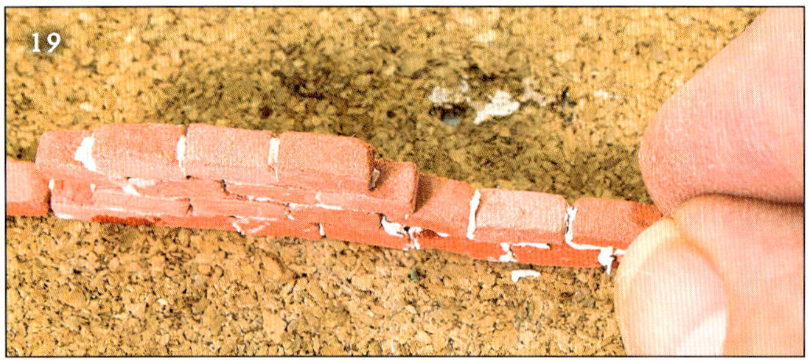

19. Dann setzen wir die Ziegel, indem wir sie in der Spachtelmasse gegen den vorhergehenden Ziegel schieben. Die Spachtelmasse braucht eine Weile, um fest zu werden. Es bleibt also genügend Zeit, die Ziegel einzusetzen.

20. Die Mauer wird langsam in vorbildgerechter Weise wachsen. Und auch die bei vielen Vorbilder beobachtbaren Unregelmäßigkeiten entstehen gleich mit.

21. Die zwei Arten des Legens der Ziegel sind gut zu unterscheiden, wenn wir beide nebeneinander platzieren.

BEMALUNG

22

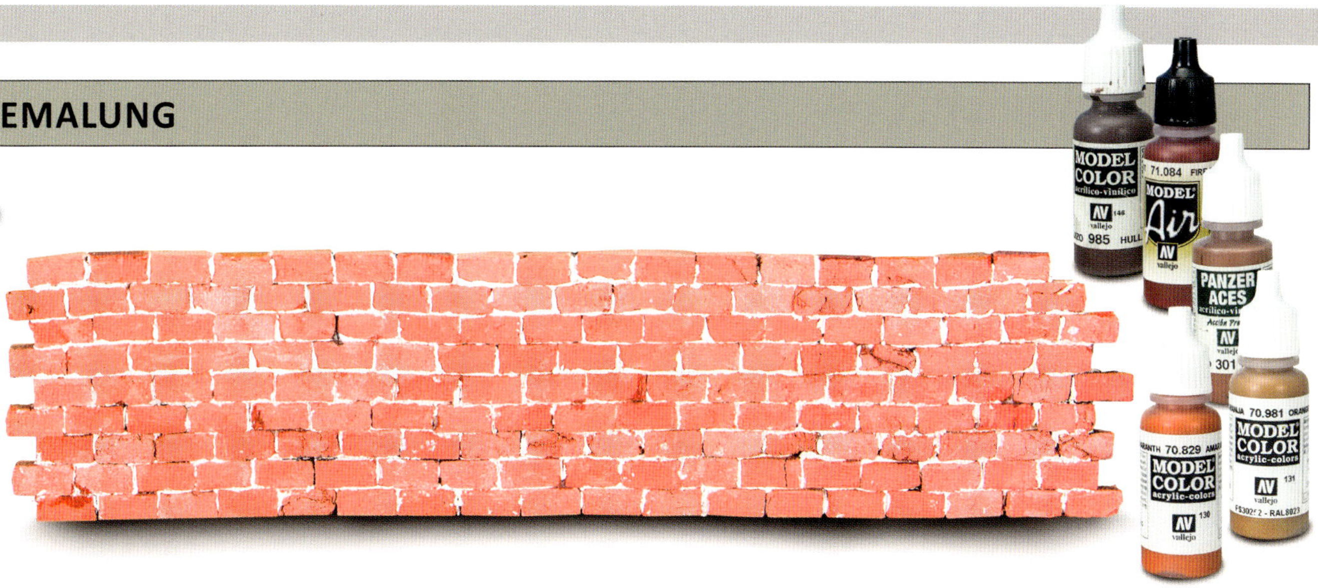

22. Als Farben werden Acrylfarben aus Vallejos Model Air, Model Color und Panzer Aces Reihe verwendet, die auch alle mit dem Pinsel gemalt werden können. Die konkreten Farben sind: 70.985, 71.084, 70.301 Panzer Aces, 70.981 und 70.829.

23. Wir starten mit der dunkelsten Farbe 70.985 Hull Red und bemalen zufällig einige Ziegel.

24. Wir fahren mit den gelben und roten Farbtönen fort und suchen dabei nach ansprechenden Farbkombinationen, die ebenfalls zufällig wirken sollen.

25. Jetzt verwenden wir 70.981 Orange Brown und lassen dabei so einige Ziegel aus. Wir spielen mit den verschiedenen Farbnuancen, um ein ästhetisch ansprechendes Bild zu erhalten.

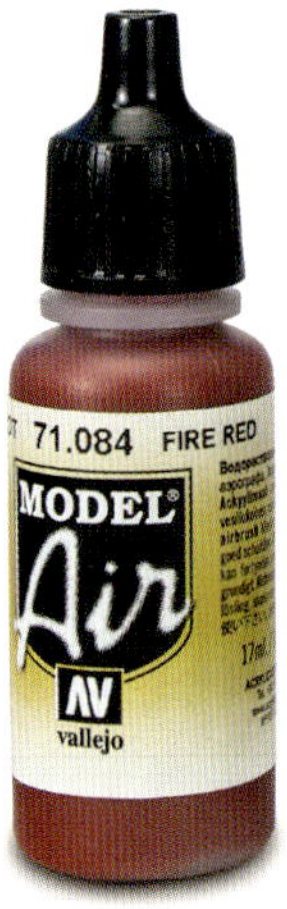

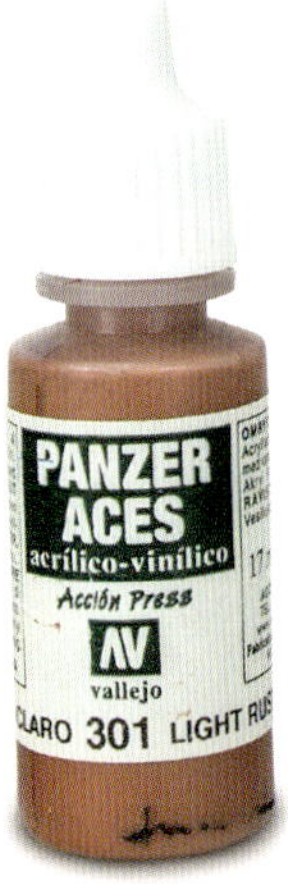

26. Das Feuerot aus der Model Air Reihe ist ziemlich kräftig und deckt gut. Es verleiht dem Ensemble eine Menge Farbe.

27. Panzer Aces 70.301 Light Rust passt sich recht gut in die Farbauswahl ein und dient dazu, die restlichen Ziegel zu bemalen.

28. Die Farbgebung ist spektakulär, jedoch noch etwas „flach“, wie es typisch für frisch verlegte Ziegel ist. Jetzt müssen wir die Mauer noch verwittern und altern.

29. Die erste Behandlung besteht aus einem Wash mit Model Wash 76.513 Brown. Er wird mit einem Flachpinsel aufgetragen. Wir müssen mehrere Schichten aufbringen, damit der Wash in alle Vertiefungen gelangt.

30. Der nächste Model Wash ist 76.516 Grey. Dieses Mal tragen wir ihn aber gezielt auf die Spachtelmasse auf, da er Mörtelspuren simulieren soll.

31. Das Resultat kann sich sehen lassen. Die Ziegel sind nun gut definiert, die Spachtelmasse hat eine schöne Mörtelfärbung und die gesamte Textur der Mauer wurde betont.

32. Um Verschmutzung der Mauer darzustellen, tragen wir einen Wash mit Panzer Aces 70.315 Light Mud auf und bemalen mit ihm auch die rötlicheren Ziegel, um sie etwas abzutönen.

33. Wir tragen einen weiteren verdünnten Wash mit 70.315 auf, um den Effekt an einigen Stellen zu akzentuieren.

34. Wie Sie sehen, können die Variationen mit dieser Technik unzählig sein. Wir können eine Putzschicht mit helleren und dunkleren Washes darstellen oder ganze Bereiche einfarbig bemalen und die Farbe wieder abplatzen lassen.

Auf den folgenden Vorbildfotos können Sie sehen, dass unser Resultat ziemlich realitätsnah ist, und wir können nun Mauern bauen, die aus den Zeiten des Römischen Reiches bis zum 20. Jahrhundert stammen.

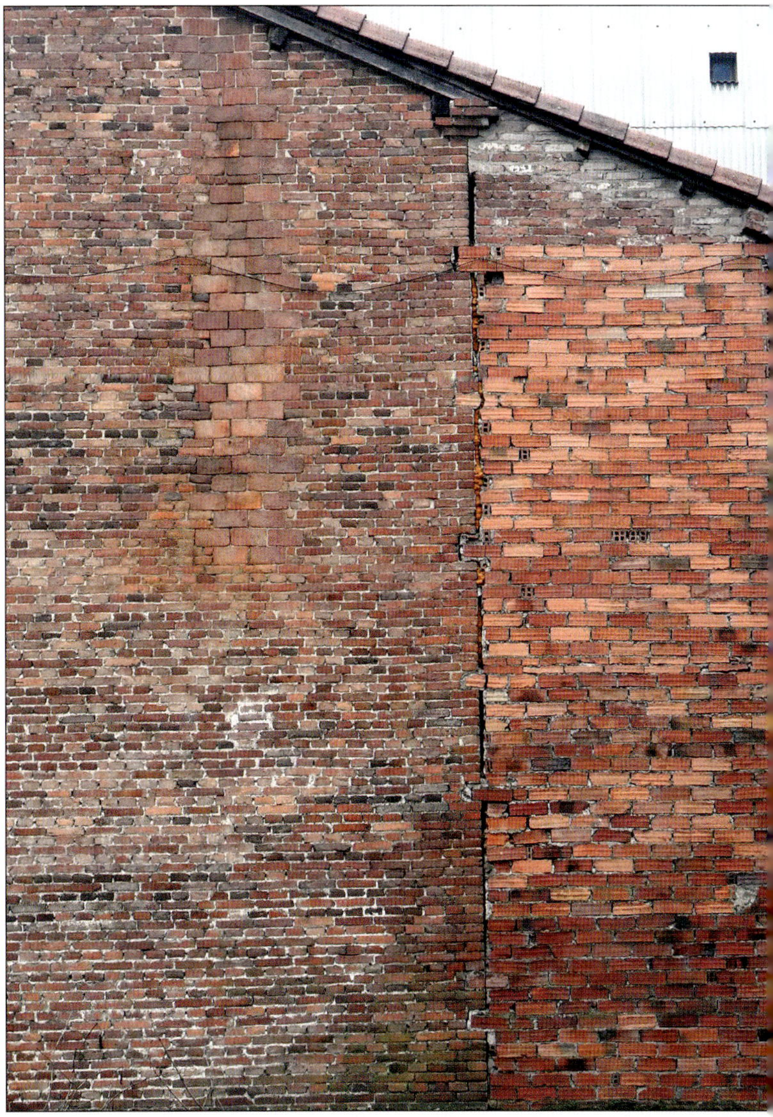

ARBEITEN MIT STYRODUR

Bau von Gebäuden und Untergründen für Ihre Dioramen

Seit ein paar Jahren habe ich mich an die Arbeit mit einem speziellen Material für den Bau von Gebäuden und Untergründen für meine Dioramen gewöhnt. Dieses Material nennt sich Styrodur. Sein ursprünglicher Zweck bestand in der Isolation von Wänden und Dächern. Es ist ein Hartschaum, der geschnitten und mit unterschiedlichen Werkzeugen detailliert werden kann und die einmal gegebene Form gut beibehält.

Ein weiterer großer Vorteil ist sein geringes Gewicht, so stellt der Bau auch größerer Strukturen kein Problem dar. Styrodur ist in verschiedenen Größen und Dicken erhältlich und kann so je nach Bedarf gewählt werden.

Da es in den meisten Baumärkten, gut sortierten Hobby-Geschäften und im Internet erhältlich ist, sollte es kein Problem darstellen, dieses vielseitige Material zu finden.

Von Volker Bembennek

27
Rauchen verboten
P

1

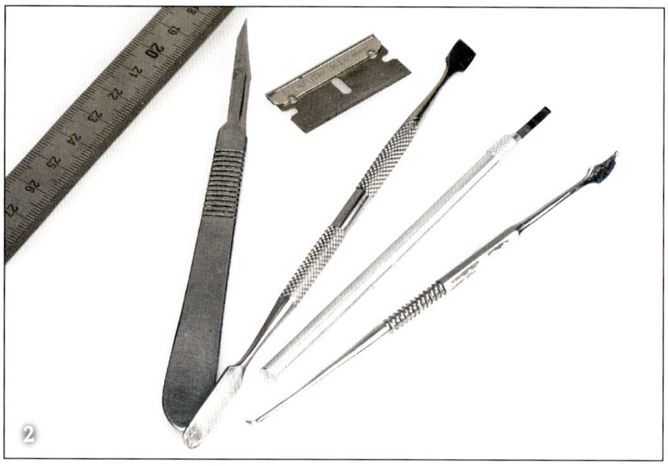

2

1. Styrodur, wie man es im Geschäft findet.
Ein wichtiger Punkt, nachdem das Styrodur erstanden wurde, ist die Auswahl geeigneter Werkzeuge für die Bearbeitung des Materials.

2. Die meist verwendeten Werkzeuge zum Schneiden des Hartschaums und für das Herausarbeiten der gewünschten Strukturen.

3. Ein sehr bedeutendes Werkzeug, um Styrodur zu schneiden, ist ein Heißdraht-Schneidegerät. Abgebildet ist hier ein Gerät von Proxxon, das ich nun schon mehrere Jahre im Gebrauch habe.
Sicherlich kann man Styrodur auch mit einem scharfen Bastelmesser oder Skalpell schneiden, um aber professionelle und befriedigende Ergebnisse zu erzielen, sollte man ernsthaft über die Anschaffung eines solchen Gerätes nachdenken.

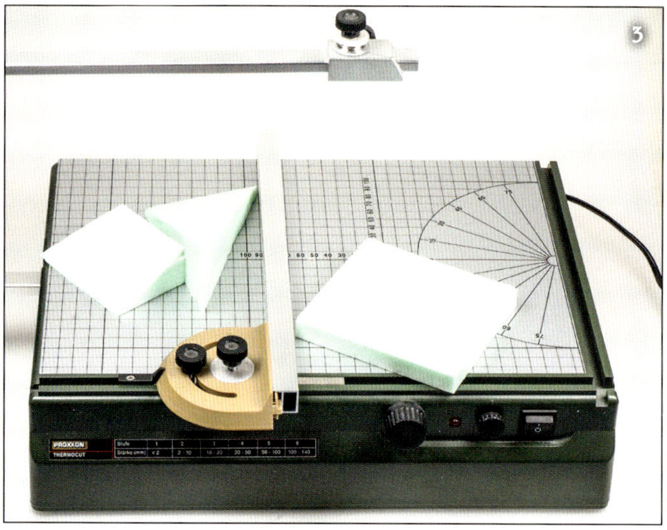

3

4

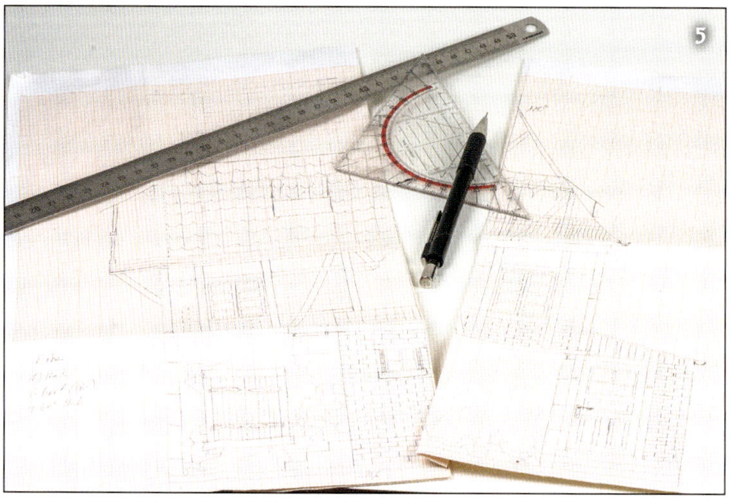

5

4-5. Jetzt habe ich das Styrodur und die passenden Werkzeuge zur Hand. Bevor es jedoch an den vergnüglichen Teil des Modellbauens geht, sollte eine gründliche Planung vorgenommen werden. Ich kann nicht genug betonen, wie wichtig dieser Schritt für Ihre Arbeiten sein kann, da ohne eine gute Planung nur selten gute Resultate zu erzielen sind. Nehmen Sie sich deshalb für diesen Schritt genügend Zeit.
Hier sind einige meiner Zeichnungen zu verschiedenen Themen zu sehen. Alles was benötigt wird, sind Millimeterpapier, ein Bleistift und Lineale.

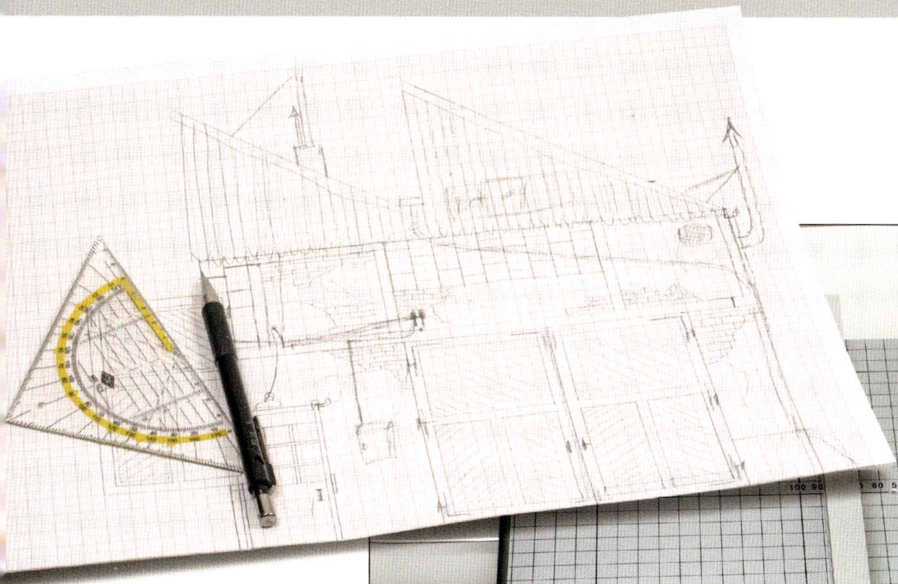

6. Ich übertrage die Umrisse unserer Struktur von der Zeichnung auf ein passendes Stück Styrodur und schneide sie anschließend mit dem Heißdraht-Schneidegerät aus.

ZIEGELMAUERN

7. Die einzelnen Ziegel der Mauer werden mit Hilfe eines Skalpells aus der Styroduroberfläche herausgeschnitzt. Hier sehen Sie alle für die Anfertigung der Mauer verwendeten Werkzeuge.

8. Verwenden Sie stets nur neue und scharfe Klingen.

9. Die individuellen Fugen werden mit einem geeigneten Werkzeug etwas vergrößert. In diesem Falle bediene ich mich einer Rasierklinge.

10. Ein Metalllineal stellt eine große Hilfe beim Schneiden von geraden Linien, wie sie bei diesem Bürgersteig zu finden sind, dar.

11-12. Ein Beispiel eines Kopfsteinpflasters, das auf dieselbe Weise entstanden ist.

13-14. Alle Arten an Strukturen sind möglich, wie z. B. diese Gebäude aus Natursteinen ... nutzen Sie Ihre Vorstellungskraft, es gibt keine Grenzen.

BEMALUNG VON MAUERN

15. Ich beginne die Endbehandlung mit der Bemalung der einzelnen Ziegel. Verwenden Sie einfach einige Mischungen aus Vallejo Acrylfarben, die einen natürlichen Eindruck ergeben. Flächen, die später unter Putz liegen werden, werden schwarz bemalt.

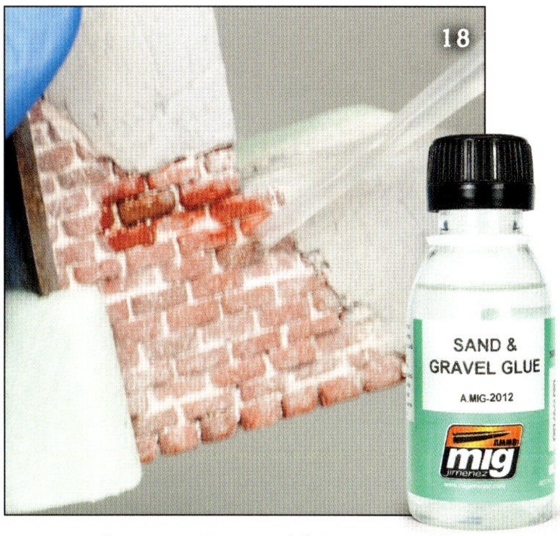

16 bis 18. Der Mörtel. Die Fugen zwischen den Ziegeln werden zuerst mit einer Mischung aus trockenem Gips und feinem Sand gefüllt. Anschließend wird die Mischung mit „Gravel and Sand Fixer" fixiert.

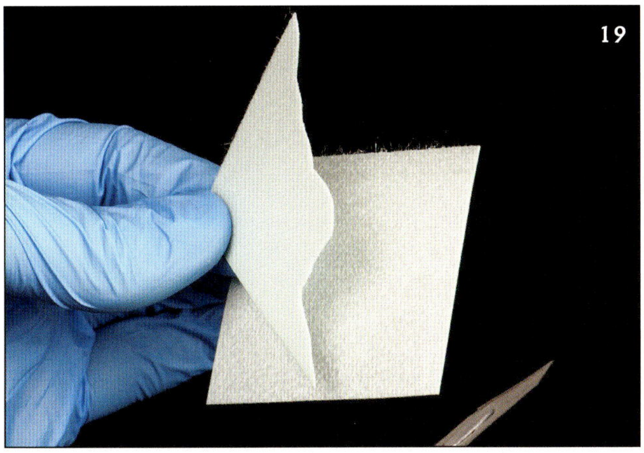

19. Wie in diesem Fall werden an den Strukturen abgestufte Flächen nötig. Der Putz ragt ein Stückchen über die Ziegelmauer hinaus. Um dies nachzubilden, schneide ich einige sehr dünne Styrodurplatten zu. Es ist nun einfacher, die verschiedenen Putzflächen mit einem scharfen Skalpell auszuschneiden und sie dann mit Weißleim an ihren Platz am Gebäude zu kleben.

20. Nach einer Untermalung mit verschiedenen Grautönen erhält der Putz seine Struktur mit etwas Reparaturspachtel aus dem Baumarkt, der mit einem breiten alten Pinsel aufgetragen wird.

21. Besonderen Spass bereitender und kreativer Teil des Baus besteht in der Alterung der gesamten Fassade. Einzelne Risse im Putz werden mit einem feinen Pinsel gemalt.

22. Schmutz und Dreck werden mit einer Mischung verschiedener Erdtöne von Vallejo dargestellt.

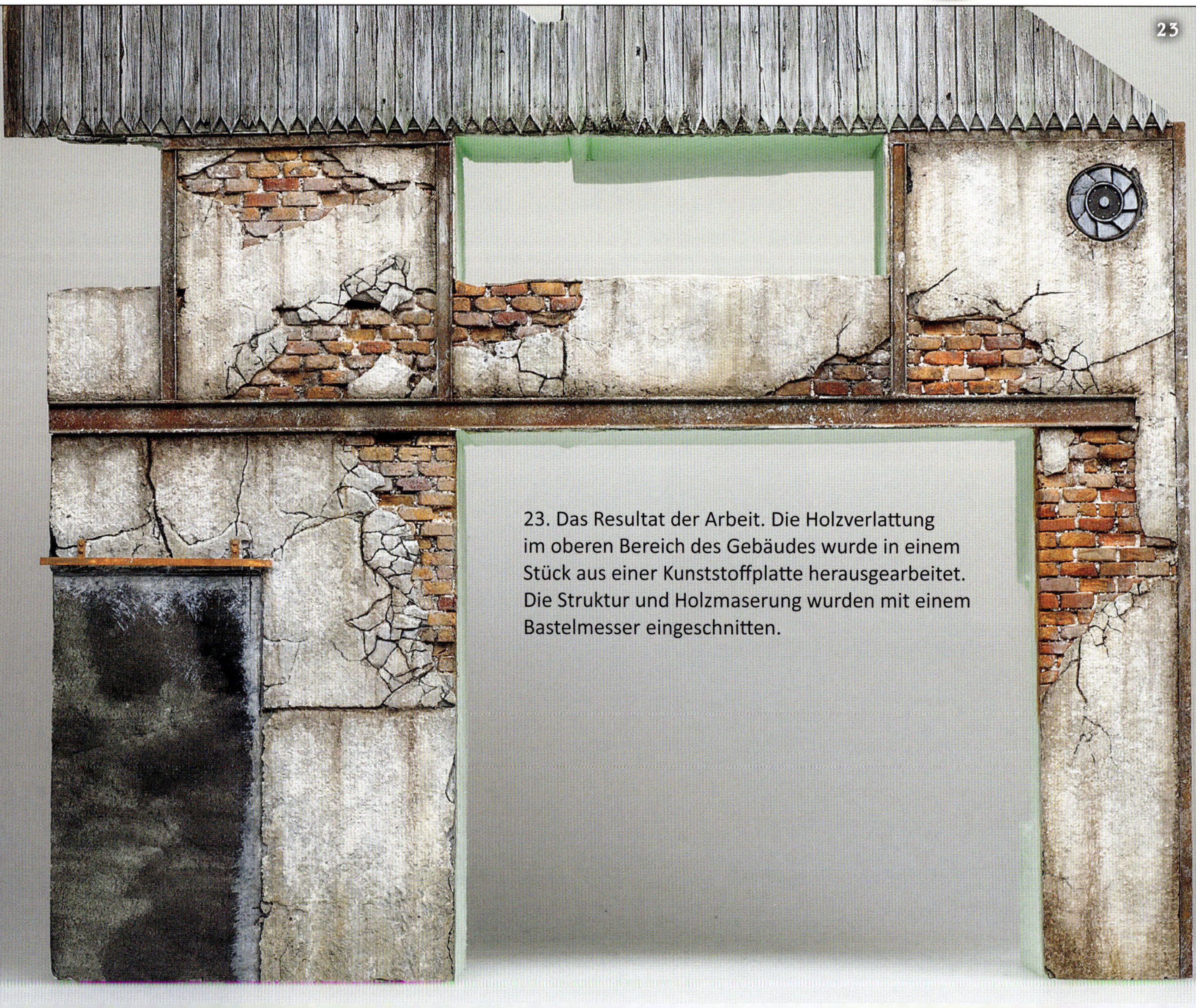

23. Das Resultat der Arbeit. Die Holzverlattung im oberen Bereich des Gebäudes wurde in einem Stück aus einer Kunststoffplatte herausgearbeitet. Die Struktur und Holzmaserung wurden mit einem Bastelmesser eingeschnitten.

24. Hier sehen Sie ein anderes Beispiel. Nicht nur Gebäude lassen sich so gestalten, sondern auch Dioramenuntergründe wie dieser Hof. Alle Betonplatten werden jede für sich zurechtgeschnitten, detailliert und an ihren Platz geklebt.

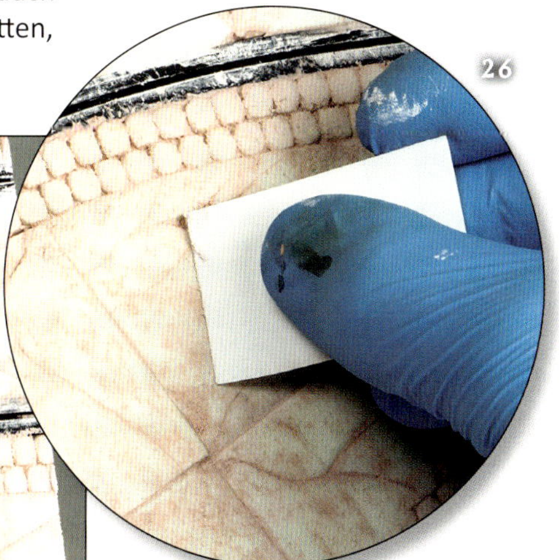

25. Nachdem das Styrodur geformt ist, wird die gesamte Fläche mit einer dünnen Gipsschicht versiegelt.
26. Verwenden Sie einfach ein Stückchen Plastikplatte, um die Fläche zu glätten und überschüssigen Gips zu entfernen.

27. Nach einer adäquaten Untermalung mit verschiedenen Graumischungen aus Tamiya Acrylfarben und dem Airbrush, werden einzelne Elemente wie die Pflastersteine betont. Dies geschieht mit verschiedenen Acrylfarben von Vallejo.

28. Es ist sehr wichtig, sich dafür die nötige Zeit zu nehmen und nicht zu hasten. Malen von Beschädigungen und die Detaillierung jeder einzelnen Betonplatte sind die Schüssel zu einem realistischen Ergebnis. Bei diesem Schritt arbeite ich sehr gerne mit Vallejo Acrylfarben.

29. Hier ist der Unterschied zwischen den mit Rissen und Beschädigungen versehenen Platten auf der linken Seite und den noch nicht detaillierten auf der rechten zu erkennen.

30 - 31 Nach der Verfeinerung der Platten müssen einige Stellen mit Gips gefüllt werden. Der Gips wird trocken aufgebracht und anschließend mit etwas Leitungswasser fixiert.

MOOS

32. In diesem Bereich will ich etwas Moos hinzufügen.

33. Im ersten Schritt trage ich etwas mit Wasser verdünnten Weißleim auf.

34. Darauf wird vorsichtig etwas von dem dunkleren Moos gestreut.

35. Nun folgt wieder etwas verdünnter Weißleim.

36. Jetzt folgt das hellere Moos.

37. Mit einem Zahnstocher wird das Moos angedrückt und in eine etwas natürlichere Form gebracht.
38. Zum Abschluss werden noch stark verdünnte grüne Acrylfarben sorgfältig aufgemalt und staubfarbene Pigmente aufgetragen.

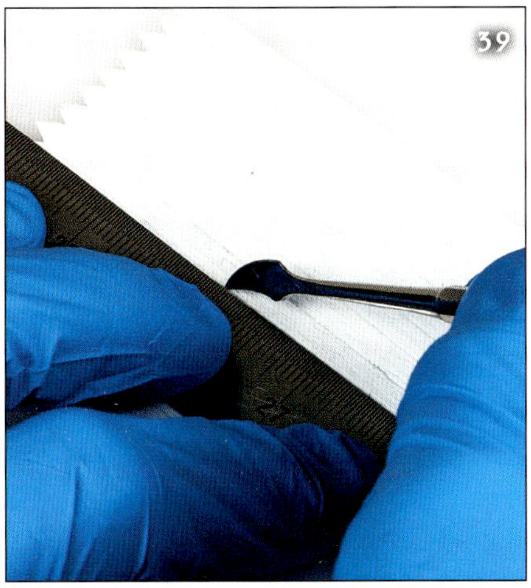

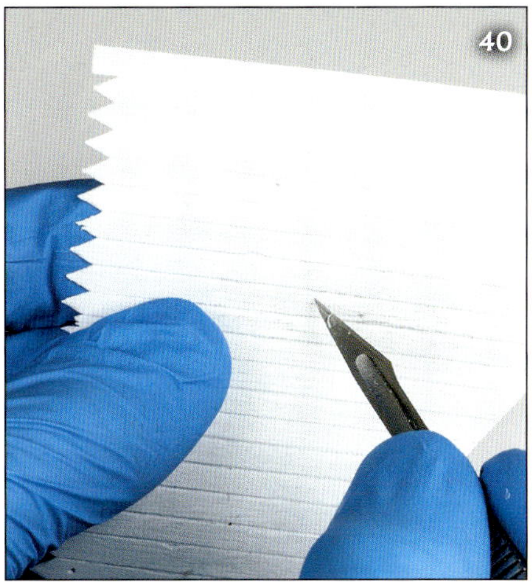

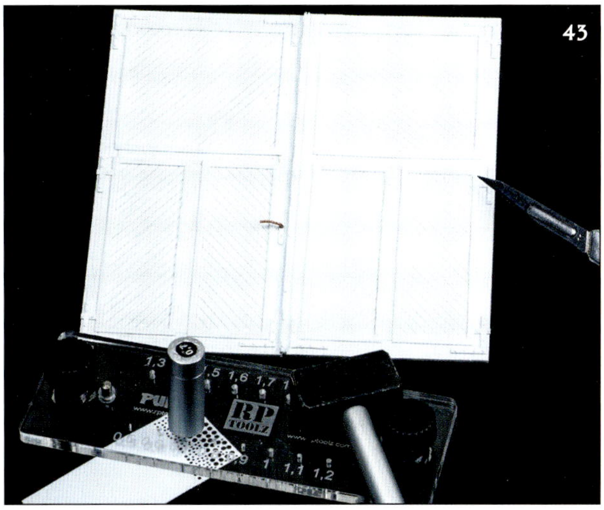

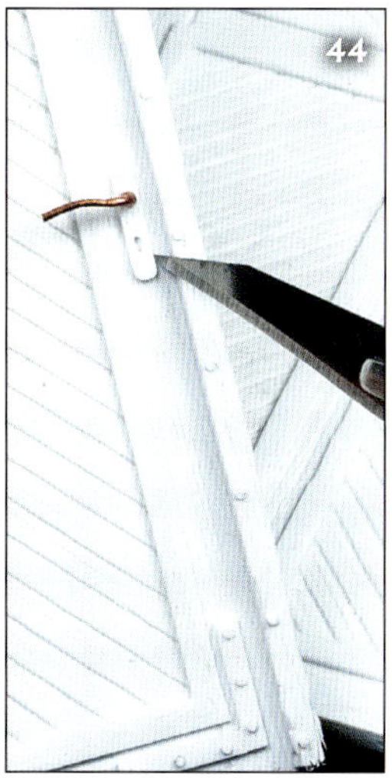

39 bis 41. Verschiedene Schnitzwerkzeuge und Messer werden verwendet, um die Bretter und die Holzmaserung anzulegen.

42. Kunststoffprofile bilden die Rahmen der Kassetten und die Beschläge.

43. Bolzen und Nägel entstehen mit Hilfe des Stanzwerkzeugs von RP Toolz.

44. Gehen Sie sicher, dass jedes kleine Detail die nötige Aufmerksamkeit erhält, um befriedigende Resultate zu erhalten.

45. Testweise wird das fertige Tor in das Gebäude eingepasst.

HOLZTÜREN: BEMALUNG

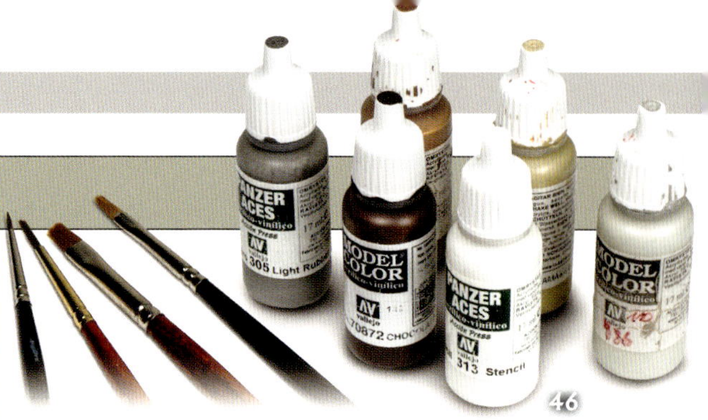

46. Die Farben und Pinsel für die Bemalung des Tors in einem ausgebleichten Holzton. Ich mische die Farben ständig untereinander, um ein reichhaltiges Farbspektrum und verschiedene Variationen zu erzielen.

47. Die Farben werden mit einem fast parallel zur Türfläche gehaltenen Pinsel aufgemalt.

48. Man sollte die variierenden Farbtöne verwitterten Holzes im Hinterkopf behalten.

49. Nach ausreichender Trocknungszeit fahre ich mit einem dunklen Wash fort. Dieser mit Terpentin verdünnte Wash dient der Schattierung und als feuchte Grundlage für die folgenden Acrylfarben. Der Wash reduziert jedoch die Haftung der nächsten Farbschicht.

50-51. Die nächste Farbschicht (in diesem Beispiel Grün) muss schnell gemalt werden, bevor das Terpentin komplett verdunstet ist. Führen sie den Pinsel stets in Richtung der Holzmaserung.

52

53

52. Die rostigen Beschläge werden mit verschiedenen rostfarbigen Pigmenten, gemischt mit Pigment Fixer, bemalt. Versuchen Sie stets, einige Farbakzente und Details an ihren Modellen zu setzen, um ein lebendigeres und realistischeres Aussehen zu erreichen.

53. Mit Hilfe eines Computers und eines Druckers können unterschiedlichste Schilder, Tafeln und dergleichen angefertigt werden. Suchen Sie einfach im Internet nach geeigneten Vorlagen oder machen Sie sie einfach mit Photoshop oder einem anderen Grafikprogramm selbst. Am besten druckt man sie auf seidenmattes Fotopapier.

54. Selbstverständlich müssen auch die Details in passender Weise gealtert werden. Hier kam das Rost Set von Lifecolor zum Einsatz.

54

DACH

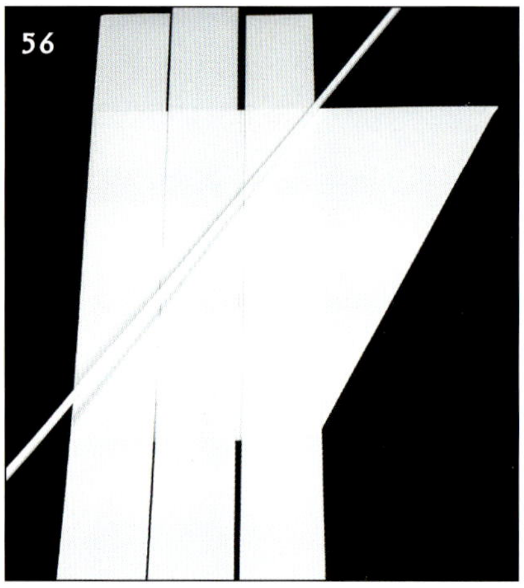

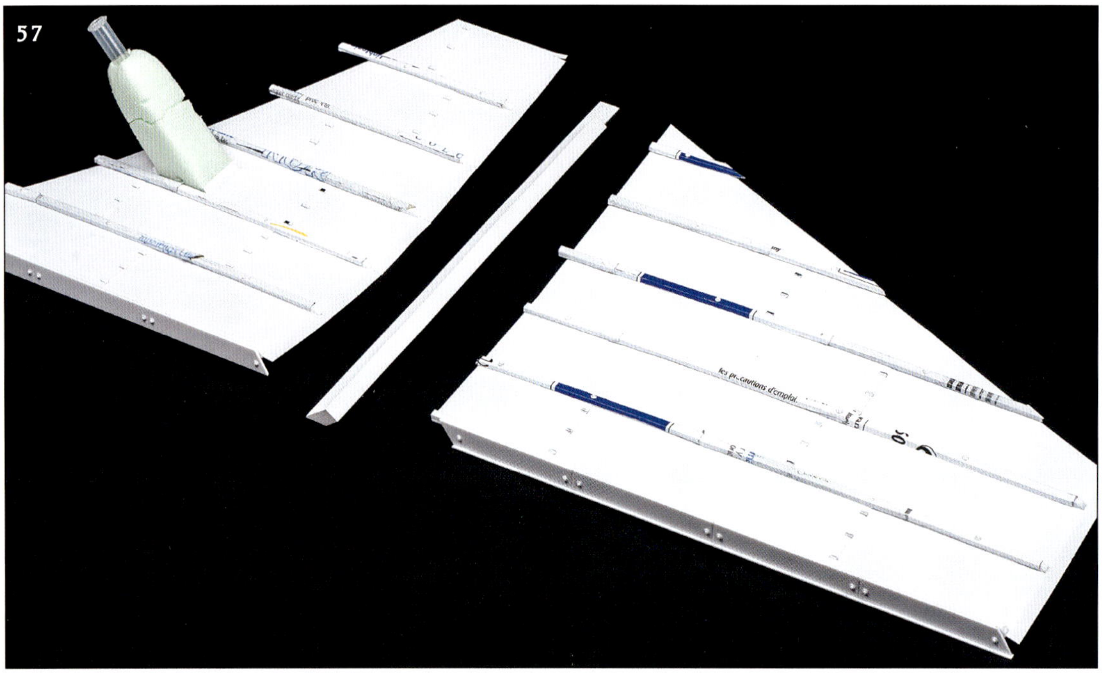

55. Hier sind die Zutaten für den Bau des Gebäude-Daches abgebildet. Mein Plan besteht darin, ein altes und rostiges Blechdach wiederzugeben.

56. Die Streifen, welche die einzelnen Bleche darstellen, werden ausgeschnitten und auf ein dickeres Stück Kunststoff geklebt.

57. Die Rippen zwischen den Blechen sind Profile von Evergreen, welche mit dünnem Metallblech abgedeckt werden. Alle Bolzen werden mit dem Stanzwerkzeug von RP Toolz angefertigt. Der Schornstein besteht wieder aus Styrodur.

58. Ein fertiges einteiliges Dach.

59. Die fertigen Dächer können nun leicht mit Weißleim auf das Gebäude geklebt werden.

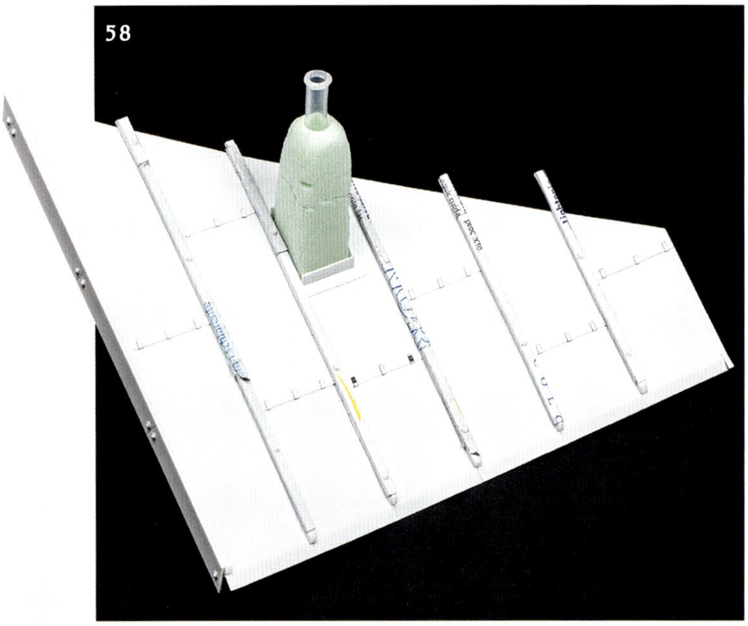

60

60. Nun geht der Spaß wieder mit der Grundbemalung mittels verschiedener Acrylfarbenmischungen los. Mischen Sie einfach einige Grau und Blautöne zusammen und halten Sie die Bemalung unregelmäßig. Ich tupfe die Farbe zum größten Teil auf, was besser wirkt als die Farben aufzustreichen.

61. Um den typischen Metall-Look zu erreichen, male ich einzelne helle Farbstriche auf. Die Farbe „Stencil“ aus der Panzer Aces Reihe von Vallejo ist dafür bestens geeignet.

62. Zu Beginn der Alterung male ich Flecken mit dem dunkelbraunen Wash von Vallejo auf. Die Flecken werden genau dort platziert, wo beim Vorbild die Bildung von Rost zu erwarten ist.

63. Als Nächstes füge ich an denselben Stellen etwas vom dunklen Rostwash hinzu.

64. Wieder wird Rostwash und heller Rostwash immer an denselben Stellen Nass-in-Nass und Schritt-für-Schritt aufgetragen.

61

62

63

64

27
Rauchen
verboten

65. Zuguterletzt wird ein Detailwash mit dunkler brauner Ölfarbe ausgeführt. Auch einige Schlieren und Regenspuren werden gemalt.
Jetzt ist unser Dach zu 99% fertiggestellt. Nur wenige Schmutz- und Staubspuren sollen noch dazukommen, wenn das Diorama komplett ist, um den Gesamteindruck zu harmonisieren.

FORVIL
16

EIN WEITERES DIORAMA AUS STYRODUR

67

VEGETATION

66

68

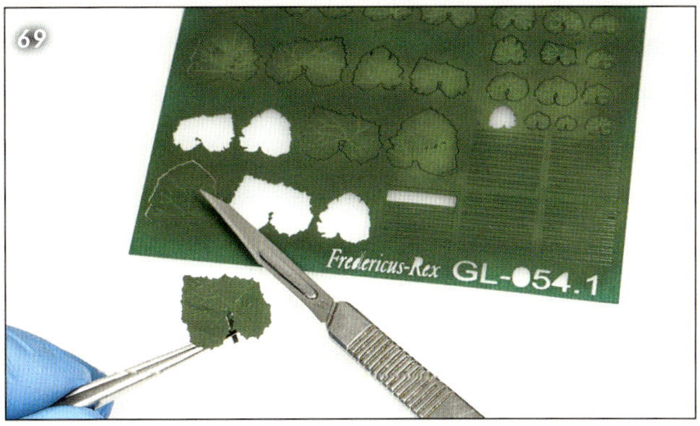

69

66 bis 69. Die meisten Pflanzen stammen von der Firma Fredericus Rex, auch Green-Line genannt. Es sind mit dem Laser geschnittene Pflanzen aus mehr oder weniger dickem Papier. Sie sind sehr nützlich, lebensecht und einfach zu verarbeiten. Gewöhnlich färbe ich das Papier mit dem Airbrush in der gewünschten Farbe (normalerweise Grün) ein und schneide sie dann vorsichtig mit einem scharfen Skalpell aus dem Bogen. Wenn nötig gebe ich ihnen bei diesem Schritt noch etwas Form. Jetzt können sie im Diorama platziert werden.
Das Gras besteht aus eingefärbten Pinselhaaren, die auf die geeignete Länge zurechtgeschnitten werden.
Ich verwende:
Für die Weinrebe: GL-100 - Wein
Für Efeu: Green-Line GL-050 - Efeu
Für Bodenbewuchs: GL-052 - Langes Gras und GL-054

16
Jagdpanzer IV L/48, Panzerjäger Abteilung 12
12. Panzer Division "Hitlerjugend"
In position on Hill 112
near Falaise
Caen area, Normandy, July 1944

16

Jagdpanzer IV L/48, Panzerjäger Abteilung 12
12. Panzer Division "Hitlerjugend"
In position on Hill 11

Steinmauern sind die ältesten Bauwerke und können schon in den ersten menschlichen Siedlungen angetroffen werden. Deshalb können wir sie in praktisch jeder für den Modellbauer interessanten Zeit finden. Der Bau einer Steinmauer ist eher leicht und hängt nur davon ab, welche Baumaterialien am Standort der Mauer vorhanden waren.

MAUER AUS MODELLIERMASSE: Modellierung

1. Es ist möglich, hunderte unterschiedliche Mauern zu bauen. Wir entschieden uns für eine mittelhohe Mauern aus ungleichörmigen Steinen, die wir mit sehr einfachen Materialen und Techniken bauen. Es handelt sich bei unserem Modell um einen gebogenen Mauerabschnitt, weshalb wir ein Metallblech als Stütze verwenden. Wir nutzen des Weiteren ofenhärtende Modelliermasse (Super Sculpey Grey), ein Messer mit gebogener Klinge und ein Werkzeug mit einer einfachen Spitze.

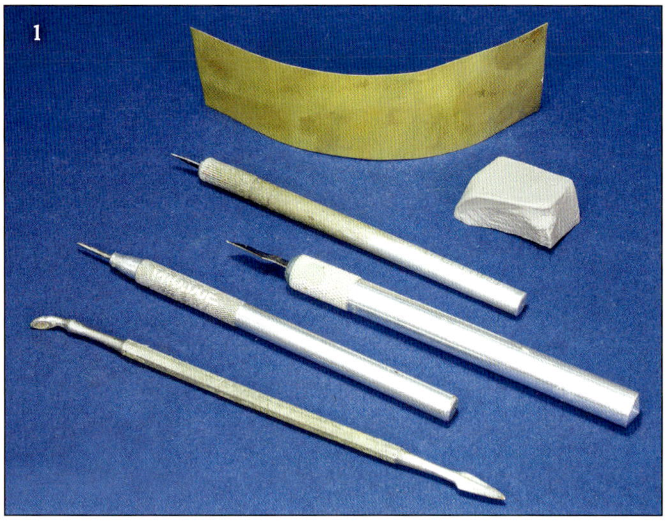
1

2

3

4

5

6

2. Wir nehmen ein 5 bis 6 cm breites Stück Modelliermasse und befestigen es mit Cyanacrylatklebstoff auf dem gebogenen Blechstück. Mit der gebogenen Klinge schneiden wir horizontale und vertikale Einschnitte, wodurch die Form der einzelnen, die Mauer bildenden Steine angelegt wird.
3. Mit einem Stück Schwamm verleihen wir den zukünftigen Steinen Textur.
4. Mit dem Messer arbeiten wir nun die Fugen zwischen den Steinen mit tiefen Schnitten deutlich heraus.
5-6. Wir machen ziemlich tiefe horizontale und vertikale Schnitte.

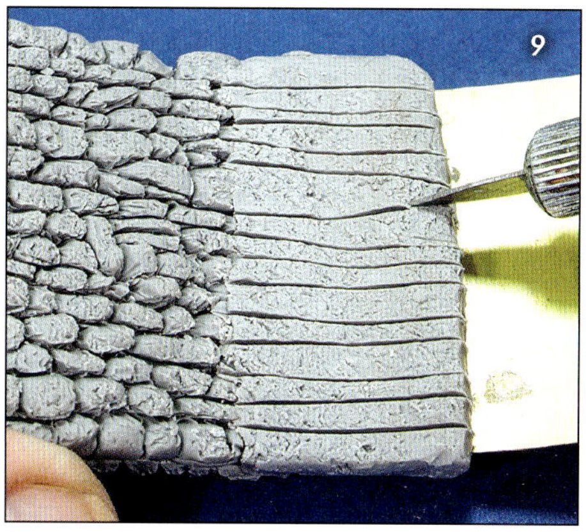

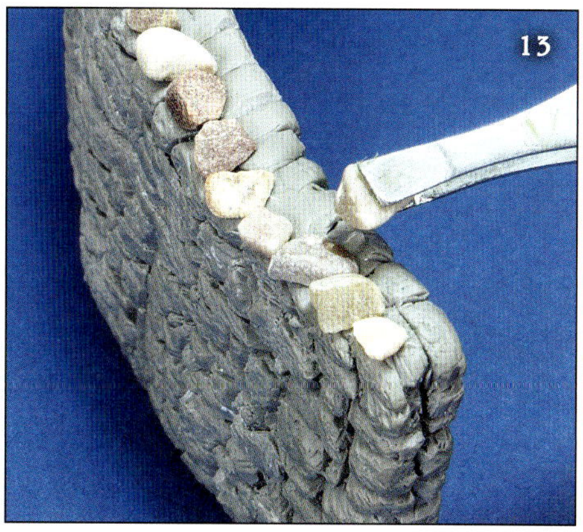

7. Mit einer geraden Klinge verfeinern wir die Textur der Steinoberflächen durch leichtes Klopfen.
8. Wir wiederholen die Behandlung mit dem Schwamm. Wir gehen dabei aber abschnittsweise vor, um genaueres Arbeiten zu gewährleisten.
9. Beachten Sie die Fugen zwischen den Steinen, die unregelmäßig sind und deren Muster sich nicht wiederholt.
10-11. Die vertikalen Einschnitte bestimmen die Höhe der Steine. Einige Steine fallen etwas größer aus und reichen sogar über zwei Reihen.
12. Die Modellierung wird abgeschlossen, indem mit einem stumpfen Messer die Ecken der Steine überarbeitet werden, um sie unregelmäßig erscheinen zu lassen und die Steine deutlich voneinander zu trennen.
13. Die Mauerkrone kann mit echten Steinchen gebildet werden, die wir gezielt nach ihrer geeigneten Größe auswählen und mit einem Tropfen Cyanacrylatklebstoff befestigen.
14. Die fertige Mauer besteht aus vielen Steinen unterschiedlicher Formen und Größen, die ganz wie beim Vorbild mal besser mal schlechter passen. Die Mauerkrone besteht an einem Ende aus sorgfältig ausgewählten abgerundeten Steinen, die darauf schließen lassen, wie die gesamte Mauer kurz nach ihrer Fertigstellung einmal ausgesehen haben mag.

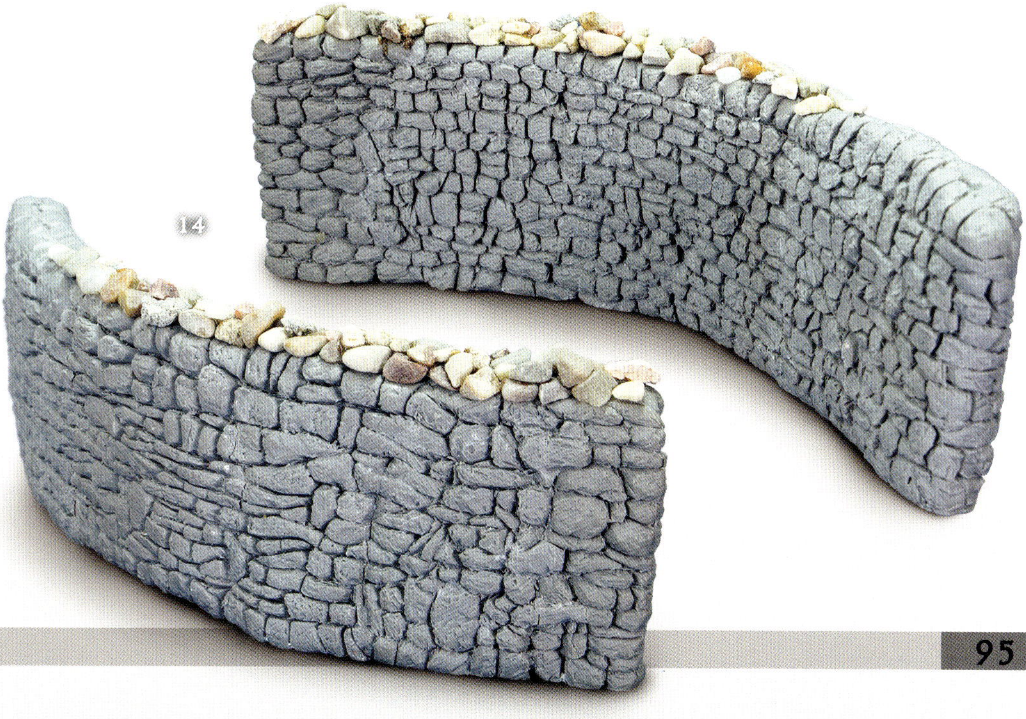

MAUER AUS MODELLIERMASSE: Bemalung

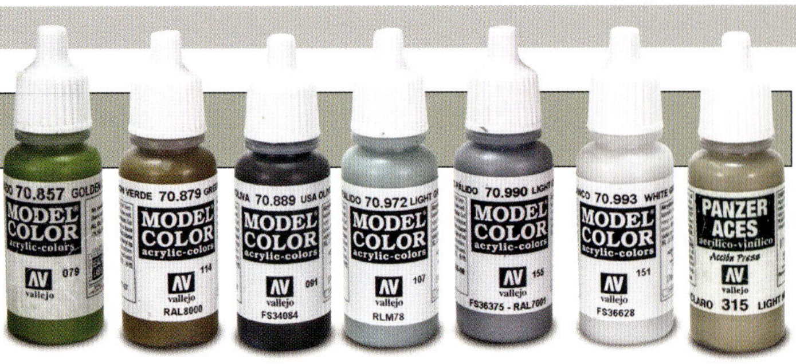

15. Die Acrylfarben der Model Color und Panzer Aces Reihen sind perfekt für die Bemalung dieser Mauer geeignet. Wir verwenden folgende Farben: 70.857, 70.993, 70.889 (315 Panzer Aces), 70.992, 70.879 und 70.990.

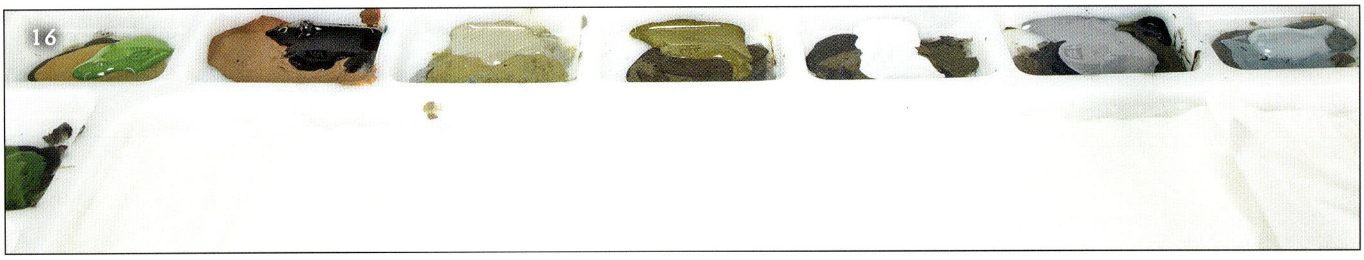

16. Wir befüllen eine Palette mit den einzelnen Farben und bauen uns eine Nasspalette aus Küchenpapier und darüberliegendem Backpapier.

17. Nach einer Grundierung erhält die Mauer die Grundfarbe 70.990.

18. Bevor die Grundfarbe trocknet malen wir einige Flecken mit 70.879 auf.

19. Wir fahren mit 70.889 und 315 (Panzer Aces) fort.

20. Das Olivbraun wird zum Ende auf verschiedene Bereiche der Mauer aufgemalt.

21

22

23

24

25

26

27

21. Mit einem leicht feuchten Pinsel verblenden wir die Farben miteinander.

22. Mit den grünbraunen und hellen Schlammtönen bemalen wir zufällig wirkend einzelne Steine. Wir bemalen dabei aber nicht die Fugen, damit sich die Steine schön voneinander abgrenzen.

23. Jetzt malen wir mit 70.992 Neutralgrau weiter.

24. Um die Farbgebung abwechslungsreicher zu machen, werden einzelne Steine mit 315 (Panzer Aces) bemalt.

25. Wir lassen die Farben trocknen und geben der Mauer anschließend einen leichten Wash mit Model Wash 76.514 von Vallejo.

26. Wir lassen den Wash gründlich in alle Vertiefungen eindringen, um jeden Stein gut zu definieren.

27. Nach dem Trocknen folgt ein zweiter Wash, der aber nur in den Fugen zwischen den Steinen aufgetragen wird.

28

29

30

31

32

33

34

35

28. Damit die Steine nicht zu dunkel werden, wurde ein Teil der Washes mit einem Stück Küchenpapier aufgesaugt. Dies geschah aber nur gezielt an den Stellen, welche uns als zu dunkel erschienen.

29. Auf diesem Bild sind die Arbeitschritte gut zu erkennen: Grundierung, Grundfarbe, Bemalung der Steine und Wash.

30. Der Wash lässt nicht nur die Fugen tiefer erscheinen, sondern lässt auch die Textur der Steine deutlicher werden.

31. Hier können wir den Unterschied zwischen dem Teil der Mauer, der nun einen schwarzen Wash erhalten hat und dem noch nicht weiter behandelten Teil sehen.

32. Sollten wir auf einer Stelle zuviel Wash aufgetragen haben, können wir überschüssige Farbe mit einem feuchten Pinsel wieder entfernen.

33. Jetzt folgt Fleißarbeit: Jeder Stein muss mit einem Licht auf seinem oberen Bereich bemalt werden. Wir verwenden dafür die gleichen Farben, die schon für die Bemalung des jeweiligen Steins benutzt werden. Die Farbe sollte nicht zu dick aufgetragen werden, sondern leicht transparent.

34. Wir setzen nun zusätzliche Farbtöne ein, die bei der Nachahmung von Moos und Feuchtigkeit nützlich sind. Es handelt sich dabei um 73.823 und 73.822 aus der „Environment"-Reihe von Vallejo.

35. Grüntöne und ein Feuchtigkeitseffekt werden durch sie wunderbar ermöglicht.

36

37

36. Die Mauerkrone wird zum Schluss mit den gleichen Farbtönen bemalt. Es wird aber weniger Schwarzer Wash aufgetragen, und die Lichter werden deutlicher betont.

37. Die fertig bemalte Mauer. Wir haben eine vielfältige Farbgebung, ganz wie auf den Vorbildfotos. All zu starke Kontraste sollten aber vermieden werden.

38. Den letzten „Touch" Realismus erhält die Mauer durch Beigabe von etwas Bewuchs. Wir nehmen dafür Mininatur 910-21 Birke, Model Scene F450 und F573 zur Hand.

39. Wir verteilen die Pflanzen stets so, dass wir das ästhetisch ansprechendste Resultat erhalten.

38

39

MAUER AUS BALSA-FOAM: Schnitzen

In diesem zweiten Beispiel werden wir die Mauer aus Balsa-Foam, einem Phenolharzschaumstoff für die Anfertigung von 3D Skulpturen, bauen. Wir haben uns dabei für die mitteldichte Variante (Balsa-Foam 10) entschieden, da sie sich nach verschiedenen Versuchen aufgrund ihrer Widerstandsfähigkeit als am geeignetsten für diese Art von Projekt zeigte.
Dieses Material verformt sich nicht durch Wärme, ist unempfindlich gegenüber konventionellen Lösungsmitteln und eignet sich daher gut für den Einsatz im Dioramenbau. Die für die Arbeiten mit diesem Material verwendeten Werkzeuge sind Messer, Stichel und Natursteine. Da das Material bei der Bearbeitung einen feinen Staub hinterlässt, sollte man an einem leeren Tisch arbeiten, der sich im Anschluss leicht reinigen lässt.

40

41

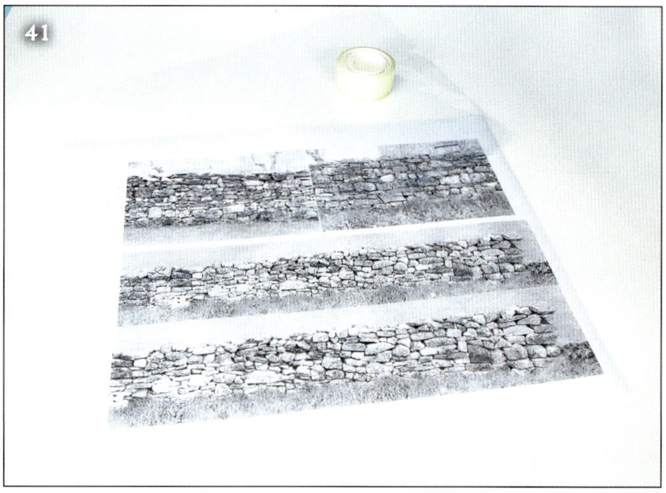

42

43

44

40. Der Bau einer realistischen Mauer benötigt gute Recherchen im Vorfeld. Wir haben Fotografien verschiedener Mauern verwendet, die wir mit Hilfe einer Fotobearbeitungs-Software auf den Maßstab 1:35 gebracht haben.

41. Wir drucken die Fotos auf einem Blatt Papier aus - vorzugsweise in schwarz-weiß - so können die Formen der Steine leichter erkannt werden. Um die Konturen der Steine kopieren zu können, befestigen wir auf dem Foto einen Bogen klarer Kunststofffolie mit etwas Klebeband.

42. Mit einem Permanent-Marker zeichnen wir die Konturen jedes einzelnen Steines auf der Kunststofffolie nach.

43 Bevor wir uns ans Schnitzen machen, überprüfen wir den Maßstab noch einmal mit Hilfe einer Figur.

44. Wir bestimmen die Größe des benötigten Balsa-Foam Stücks und schneiden es mit einem Messer und einem Metalllineal zurecht. Der Schnitt sollte in mehreren Durchgängen ausgeführt werden.

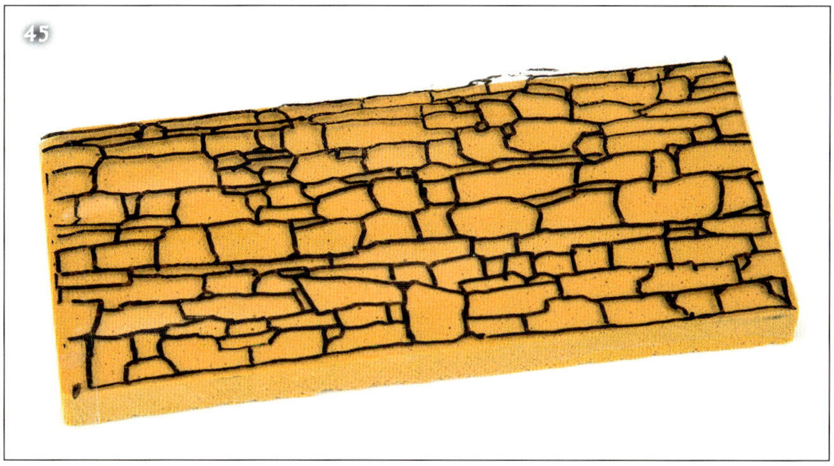

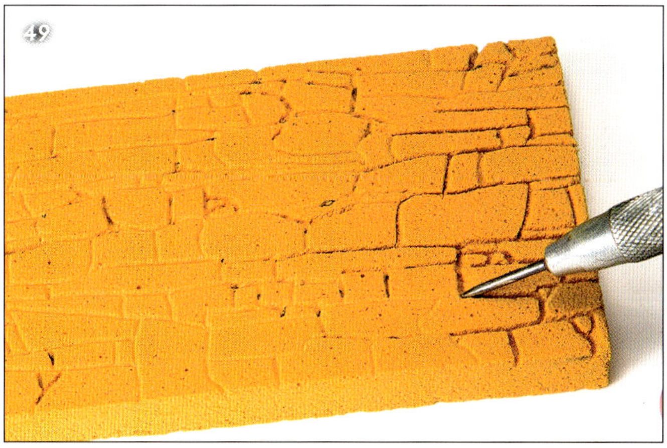

45. Wir befestigen die Folie mit den Steinumrissen auf dem Balsa-Foam mit Klebeband.

46. Eine Nadel mit abgerundeter Spitze wird genutzt, um die Konturen durch Druck auf den Schaum zu übertragen. Wir markieren zuerst die horizontalen Linien und im Anschluß die vertikalen.

47. Sobald ein Stück der Fläche fertig ist, können wir prüfen, ob unsere Übertragung erfolgreich war.

48. Wenn alle Konturen eingeprägt sind, prüfen wir, ob sie mit jenen auf dem Foto übereinstimmen.

49. Um die Umrisse deutlicher zu machen, fahren wir noch einmal mit der Nadel nach.

50. Dies kann auch mit einem Messer geschehen, das uns auch feinere Konturen liefert.

51. Sobald die Konturen die gewünschte Tiefe haben, können wir verschiedene Steine ausprobieren, um die Oberfläche zu texturieren.

52-53. Wir pressen den Stein mit der geeigneten Textur auf die Oberfläche des Balsa-Foams.

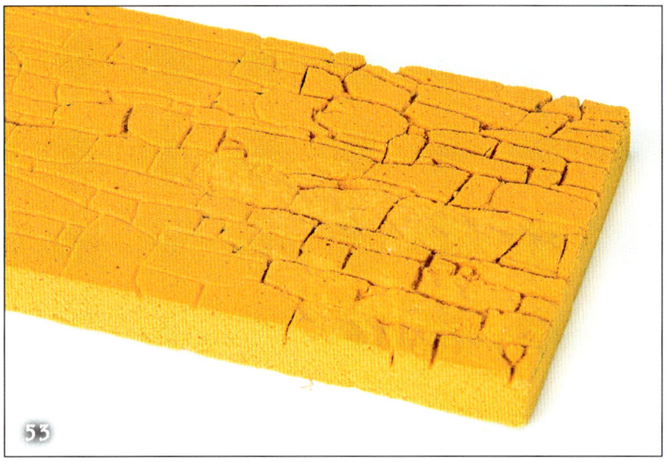

54. Wir prüfen, ob das Resultat überzeugend ist und fahren dann mit dem Rest der Mauer fort.

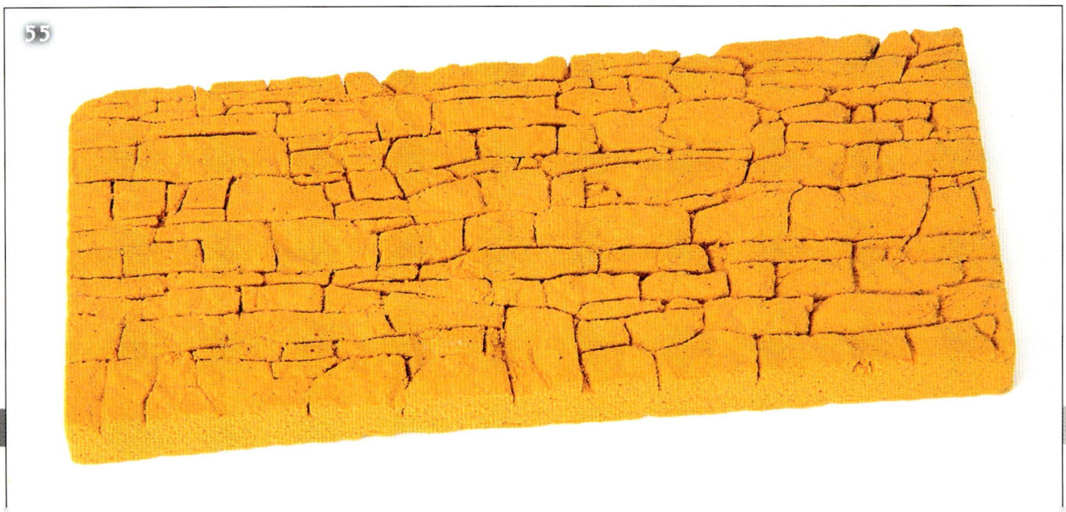

55. Jetzt haben wir die markierten Steine mit einer sehr interessanten Textur.

56-57. Nun ist es an der Zeit, das Stück zu verfeinern und zu schnitzen. Dabei sollte man sich ständig an den Fotos vom Original orientieren. Wir bearbeiten die Mauer solange mit dem Messer, bis die Steine die gewünschte Tiefe und Struktur besitzen.

58. Auf der linken Seite sehen wir die Mauer noch unverfeinert, auf der rechten ist sie bereits mit dem Messer überarbeitet worden.

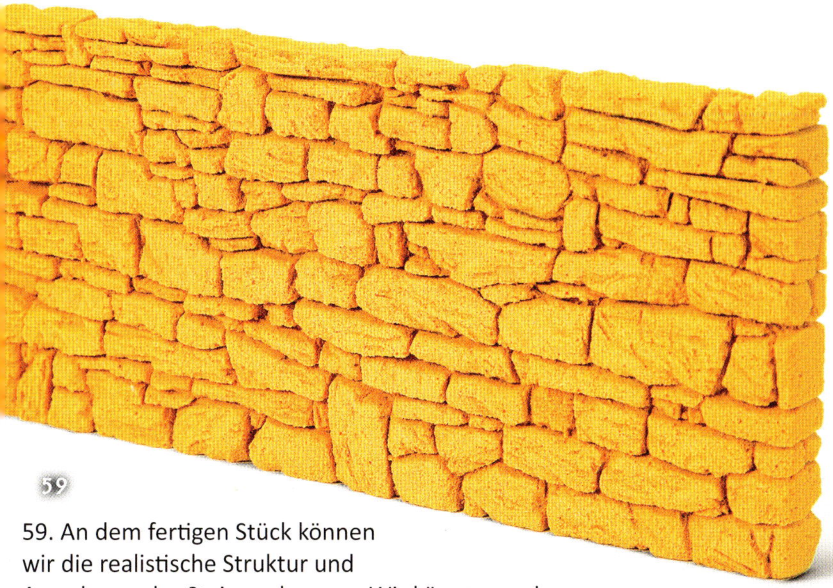

59. An dem fertigen Stück können wir die realistische Struktur und Anordnung der Steine erkennen. Wir können auch die letzte Verfeinerung mit dem Messer erkennen, welche die Textur so realistisch wie möglich erscheinen lässt.

60. Wir entschieden uns, dass die Mauer zu dünn war und fertigten deshalb eine weitere Schicht Balsa-Foam an, die genauso bearbeitet wurde wie der erste Teil, jedoch ein anderes Steinmuster erhielt. Die beiden Hälften wurden anschließend mit Kontaktklebstoff, der das Material nicht angreift, zusammengefügt.

61. Die Fugen zwischen den beiden Hälften werden mit Super Sculpy geschlossen und mit demselben schon vorher verwendeten Stein texturiert.

62 bis 64. Wir tragen die Modelliermasse mit einem Colour Shaper (Gummipinsel) auf. Mit ein bisschen Alkohol lässt sich die Masse gut glätten und formen. Dann texturieren wir die Oberfläche, indem wir den Stein auf die Masse drücken und bearbeiten sie anschließend weiter mit dem Colur Shaper, um sie an die angrenzenden Steine anzupassen. Bevor wir uns an die Bemalung machen, kommt die gesamte Mauer zum Härten der Modelliermasse für 10 bis 15 min bei 130° C in den Ofen.

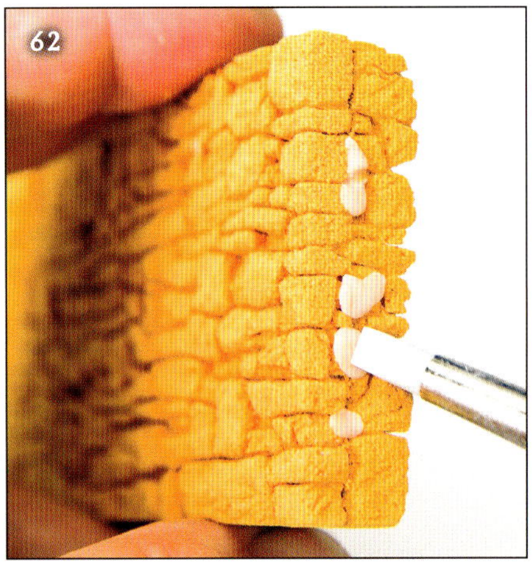

MAUER AUS BALSA-FOAM: Bemalung mit Acrylfarben

65. Balsa-Foam ist ein poröses Material, das am besten mit White Stone Liner 26.234 (verdünnt mit Wasser) von Vallejo versiegelt wird.

66. Anschließend erhält die Mauer eine einheitliche Grundierung mit XF-20 von Tamiya und dem Airbrush.

67. Jetzt mischen wir drei Vallejofarben (70.994, 70.987 und 70.990) miteinander, um verschiedene Steinfarben zu erhalten.

68. Wir versehen jeden Stein mit Lichtern, wobei wir uns eine zenitale Lichtquelle denken. Wir mischen dafür 70.987 mit Panzer Aces 342. Für die Highlights geben wir noch etwas Weiß 70.951 hinzu.

69. Die Erscheinung der Mauer mit Lichtern und Highlights. Beim Malen der Lichter sollte darauf geachtet werden, die Textur der Steine nicht zu sehr zu betonen. Aus diesem Grund ist die Technik des Trockenmalens für diesen Schritt ungeeignet.

68

69

70

71

70. Wir tragen nun einige Washes auf die blaugraue Mauer auf. Dies verleiht der Farbgebung mehr Nuancen und arbeitet gleichzeigtig die Form der Steine heraus. Wir verwenden dafür eine Mischung aus Wüstenstaub, Europäischer Staub und Blaugrau aus der Model Wash Reihe von Vallejo.

71. Der Wash wird nicht gleichmäßig auf alle Steine aufgetragen. Wir platzieren ihn unregelmäßig, und nur auf einem Teil der Steine, damit die Mauer nicht zu uniform wirkt.

72. Feuchtigkeit und Flechten werden mit Vallejos „Environment“ Reihe nachgebildet.

73. Zuerst tragen wir zufällig verteilte Tupfer mit 73.822 Slimy Grime Dark auf, um Flechtenflecken zu imitieren. Wir tragen es auch auf Vertiefungen in den Steinen auf und konzentrieren uns bei diesem Schritt überwiegend auf den unteren Bereich der Mauer.

73

72

74. Gleich im Anschluss setzen wir auf die noch feuchte dunklere Farbe Lichter mit 73.823 Slimy Grime Light und schließen die Arbeit dann mit einem feinfleckigen Muster mit 73.827 Moss and Lichen Effects ab. Letztere Farbe ist viel matter als die vorangegangenen, und wir erhalten so ein ziemlich realistisches Bild.

75. Wie wir an unserem Vorbild sehen können, besteht die Mauer auch aus ockerfarbenen und leicht rötlichen Steinen. Deshalb tragen wir noch einige Lasuren mit Hellbraun aus der Model Color Reihe von Vallejo auf. An einigen Stellen verdünnen wir die Farbe dafür sehr stark, an anderen weniger. Die Lichter werden mit fast unverdünnter Hautfarbe beige gemalt.

76. Die weißen Flechten werden zuletzt aufgemalt und die dafür verwendeten Farben sind 70.906 Hellblau und Weiß. Wir nehmen für die Flechten einen dünnen Pinsel der Größe 1, und die Farbe sollte dick genug sein, um gut definierte Flecken auf die mit Flechten zu bedeckenden Steine setzen zu können.

77. Es ist entscheidend, sich mit den weißen Flechten zurückzuhalten. Wir malen sie nur an einigen Stellen auf, und manche Steine verfügen über mehr Flechten als andere, die so gut wie keine aufweisen. Ganz zum Schluss befestigen wir Moos von Landscapes in Detail mit Cyanacrylatklebstoff auf größeren Flächen und mit Pigmentfixierer auf kleinen Stellen.

STEINMAUER: Stein-für-Stein-Aufbau

78

Am Ende dieses Kapitels zeigen wir Ihnen, wie eine Mauer aus einzelnen Steinen entsteht. Die Idee dahinter: die Modellmauer genauso aufzubauen wie das Original. Wir verwenden in diesem Beispiel die Steine von Landscapes in Detail, gelförmigen Cyanacrylatklebstoff und eine Pinzette. Augenscheinlich ist diese Vorgehensweise langwierig und arbeitsreich, führt aber zu einem sehr vorbildgerechten Ergebnis.

79 80
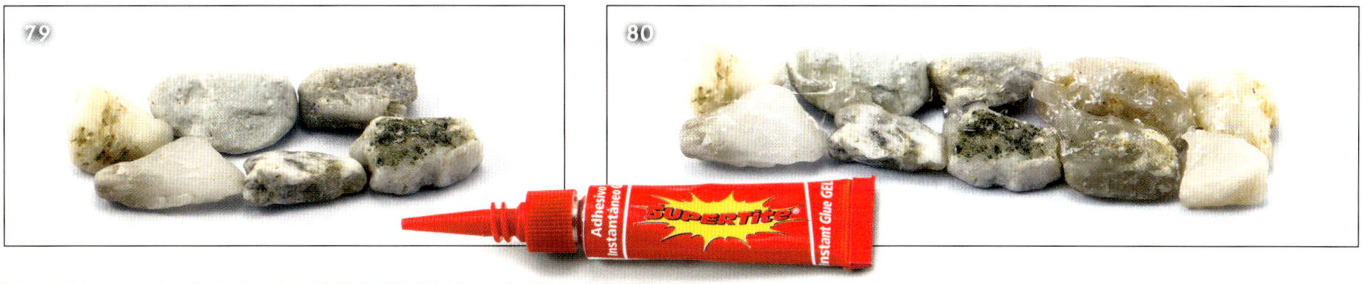

81

78. Die Mauer entsteht aus Steinen von Landscapes in Detail. Wir wählen zuerst die für den Bau der Mauer geeignetsten Steine aus.

79. Wir beginnen mit größeren Steinen, welche das Fundament der Mauer bilden. Sobald wir die gewünschte Mauerbreite erreicht haben, kleben wir die Steine mit dem Cyanacrylatklebstoff fest.

80. Wenn die erste Reihe die gewünschte Länge erreicht hat, tragen wir in deren Mitte einen Strang transparentes Silikon auf. Dies erweist sich aber als keine gute Idee, da das Silikon sehr lange braucht, um fest zu werden. Aus diesem Grund wird im folgenden nur noch Cyanacrylatklebstoff benutzt.

81. Die Idee ist, sich so eng wie möglich daran zu halten, wie solche Steinmauern in Wirklichkeit gebaut werden. Aus diesem Grund wird jeder Stein genau ausgewählt, damit er sich gut in den Steinverbund einfügt. Sobald wir jeweils einen passenden Stein gefunden haben, kleben wir ihn mit einem Tropfen oder einer Linie Cyanacrylatklebstoff fest.

82

82. Wir haben den gelflörmigen Klebstoff gewählt, weil er mehr Zeit lässt, die einzelnen Steine auszurichten. In manchen Fällen sind die Steine zu winzig, um sie mit den Fingern an ihren Platz zu setzen, und wir nehmen eine Pinzette zur Hilfe.

Die Steine setzen wir von außen an und schieben sie dann an ihren endgültigen Platz, damit so wenig wie nötig vom Klebstoff hervorquellen kann.

83

83. Wir müssen stets darauf achten, dass die Mauer auch senkrecht bleibt. Wir prüfen dies, indem wir die Mauer ab und an von allen Seiten betrachten. Auf diesem Bild können Sie auch einige vertikal eingesetzte Steine sehen, die der Mauer mehr Stabilität verleihen und zu einem realistischen Erscheinungsbild beitragen.

84 bis 86. Manchmal läßt sich kein passender Stein finden, und so brechen wir mit einer Zange einige Steinchen zurecht. Eine recht mühsame Aufgabe, da die Steine nicht immer an der gewünschten Stelle zerbrechen.

87-88. Große Lücken zwischen Steinen können mit den kleineren Steinchen aus dem Landscapes in Detail Set geschlossen werden.

89-90. Um eine konstante Mauerbreite zu gewährleisten, werden in der Mauermitte stellenweise Hohlräume gelassen. Diese verfüllen wir im Anschluß mit kleineren Steinchen.

91-92. Da wir die Mauer abformen wollen, müssen alle Fugen verschlossen werden. Supersculpey firm ist dafür gut geeignet, da wir mit echten Steinen arbeiten und die Masse also problemlos im Ofen ausgehärtet werden kann. Die Modelliermasse drücken wir mit einem Colour Shaper (Gummipinsel) in die Fugen.

93 Die Form wurde mit IDESIL 5530 IDEPO Silikon hergestellt. Dies gestaltet sich sehr leicht, da das Zweikomponenten-Silikon aus gleichen Anteilen angemischt wird.

94. Sobald die Silikonform fertig ist, machen wir einen Abguss mit Dentalgips. Dieser ist fester als normaler Gips, lässt sich aber noch gut z.B. mit einem Messer nachbearbeiten.

STEINMAUER: Gemischte Bemalung mit Acryl- und Enamelfarben

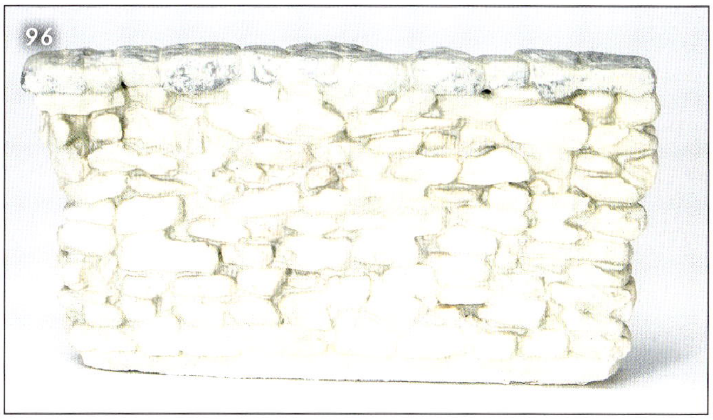

95. Der Gipsabguss wird mit Squadron-Spachtelmasse grundiert, um einen gleichmäßigen Auftrag der Acrylfarben zu gewährleisten.

96. So entsteht auch ein gleichmäßiger Untergrund. Wir geben dem Abguss noch eine Mauerkrone aus modellierten Steinen.

97. Jetzt tragen wir gleichmäßig die Grundfarbe XF-20 von Tamiya mit dem Airbrush auf.

98

98. Um die Farbgebung zu variieren, bemalen wir verschiedene Steine mit A.MIG 062 Französisches Blau und A.MIG 072 Staub.

99. Ein rötlicher Farbton entsteht durch Mischen von A.MIG 914 Rotbraun hell und Staub zum Abtönen.

100-101. Ein dritter grünlicher Farbton ist A.MIG 217 RLM 02 Grau. Beachten Sie den Unterschied zwischen der Grundfarbe und den einzelnen Farbnuancen. Bei manchen Steinen lassen wir die leicht ockerfarbene Grundfarbe unangetastet.

99

100

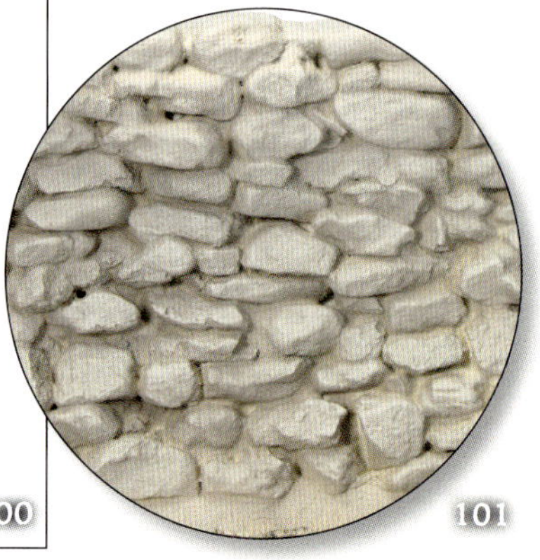
101

102

102. Die Lichter werden nun aufgemalt, um das Volumen der Steine herauszuarbeiten und die Mauer aufzuhellen, welche durch spätere Washes wieder dunkler werden wird. Zu den bisherigen Farbtönen wird für diesen Zweck A.MIG 050 Weiß und A.MIG 063 Blassgrau zugegeben. Bei den rötlichen Steinen kann auch A.MIG 115 Helle Hautfarbe verwendet werden.

103

104

103. Die Lichter der Mauer werden nicht trockengemalt, sondern „halbtrocken“. Ein mit Farbe benetzter Pinsel wird dafür flach und parallel zu den Steinen geführt. So kommt nur die Pinselkante mit den erhabenen Stellen der Mauer in Kontakt.

104. Wir tragen einige Washes auf. Bei den rötlichen Steinen kommt als Wash A.MIG 1004 Heller Rost zum Einsatz.

105

105. Der Rest der Steine und die Fugen werden mit A.MIG 1509 Dunkelgrauer Filter überarbeitet.

106

106. Auf diesem Bild ist ein unverdünnter Auftrag eines Panel Line Washes direkt auf die Grundfarbe zu sehen. Wenn sich der Wash in den Vertiefungen niedersetzt, erhalten die Steine mehr Volumen und sind deutlicher zu sehen.

107

107. Wir tragen nun einen Wash unregelmäßig aber auf der gesamten Mauer auf, um das Volumen herauszuarbeiten, die Farbgebung zu harmonisieren und die einzelnen Steine zu definieren. Der Wash besteht aus einer Mischung aus A.MIG 1613 PLW Blaugrau und A.MIG 1511 Braun für Dunkelgelb.

108

108. Wenn der Wash noch feucht ist, tragen wir Pigmente in den Fugen auf, um den darin zu findenden Sand zu simulieren (A.MIG 3013 Schutt und A.MIG 3007 Dunkle Erde). An einigen Stellen tragen wir die Pigmente bereits vor dem Wash auf. Die Kombination verschiedenfarbiger Pigmente und ein unregelmäßiger Auftrag tragen stark zu einem realistischen Bild bei.

109. Wir entfernen überschüssige Pigmente mit dem Luftstrahl des Airbrushes und einem Wattestäbchen.

110. Der Alterungsprozess hat die Mauer recht dunkel gemacht, und wir müssen nun Lichter mit der Acrylfarbe A.MIG 911 Dunkelgrau (Shine) malen.

111. Moos und Flechten werden mit der Nature Effects Reihe von AMMO nachempfunden. Wir verwenden dafür eine Kombination folgender Farbtöne: Earth, Slimy Grime Dark und Slimy Grime Light.

112. Das Endergebnis weist auch saubere und hellere Steine auf, ganz wie wir es auch beim Studium des Vorbilds beobachten konnten.

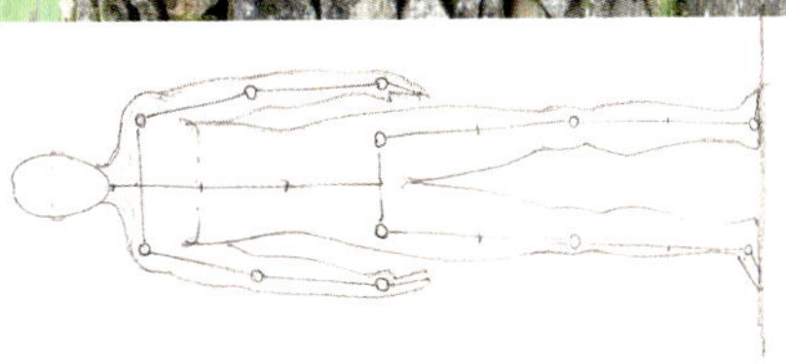
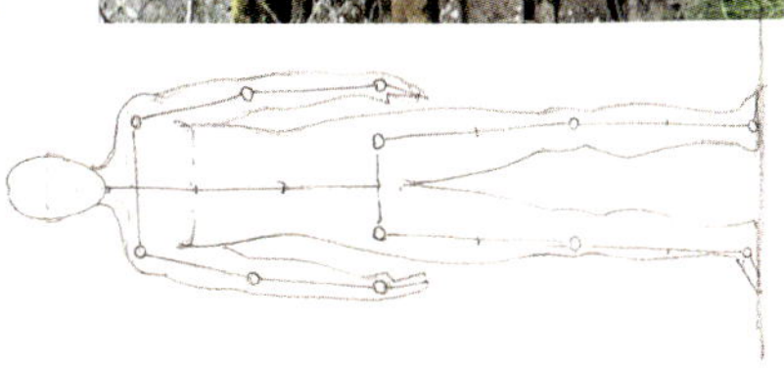
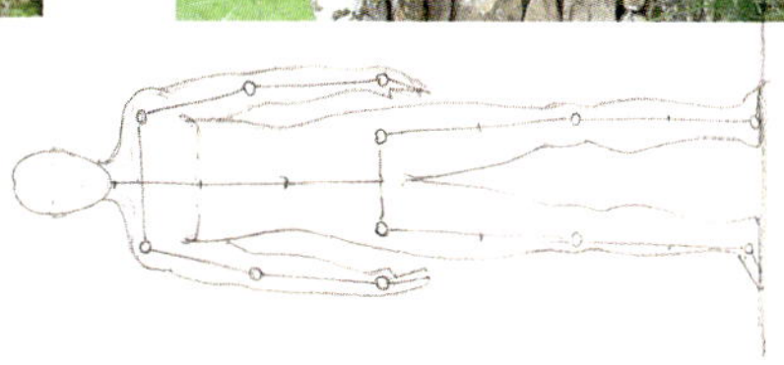

"DER LANGE UND KURVIGE WEG"

II. Korps (Polen), Italien 1945

Polen war das erste Land, das im 2. Weltkrieg gegen die Nazis kämpfte. Das Land wurde am 1. September 1939 von Deutschland angegriffen und am 17. September des gleichen Jahres von der Sowjetunion. Die letzte Einheit der polnischen Armee kapitulierte am 6. Oktober. Nach Vollendung der deutschen Invasion verließ ein Teil der noch kampffähigen polnischen Truppen das Land, um sich den Westmächten in ihrem Kampf gegen Nazi-Deutschland anzuschließen. Der polnischen Exilregierung gegenüber loyal, wurden diese Truppen in Frankreich umorganisiert, nach dem Fall Frankreichs aber ins Vereinigte Königreich evakuiert und unter britische Kontrolle gestellt. Im Jahr 1941 entließ die Sowjetunion die zwei Jahre zuvor gefangengenommenen Polen.

Aus einem Teil dieser freigelassenen Truppen wurde eine Streitmacht aufgestellt, die aber nicht ausreichend ausgerüstet und verpflegt werden konnte und deshalb über Iran in den Mittleren Osten gelangte, wo sie den Briten unterstellt wurde. 1943 bildeten sie das II Korpus Polski [II. Korps (Polen)] unter Führung von General Wladyslaw Anders. Das Korps umfasste die 3. Infanteriedivision «Carpata», die 5. Infanteriedivision «Kresowa» und die 2. Panzerbrigade, welche 1945 die 2. Panzerdivision «Warschau» wurde. 1944 wurde das II. Korps (Polen) als Teil der britischen 8. Armee von Ägypten nach Italien verlegt, wo es aktiv am langwierigen Feldzug zur Befreiung dieses Landes teilnahm. Es kämpfte in den wichtigen Schlachten von Monte Cassino (Mai 1944), Ancona (September) und Bologna (März 1945).

Von Javier Redondo

5

BAU

Als Rodrigo mich fragte, dieses Projekt in Angriff zu nehmen, verständigten wir uns, dass die Szene ein südeuropäisches Gebäude beinhalten und auf dem Land in Italien während des 2. Weltkriegs spielen sollte. Dies war ein Angebot, dem ich nicht widerstehen konnte, da ich diese Architektur und Szenerie liebe. Mit einem groben Entwurf im Kopf machte ich mich an das Studium von Fotografien und setzte schnell die wichtigsten Richtlinien für dieses Projekt fest. Es sollte während der letzten Züge des Italienfeldzugs im Jahr 1945 spielen und einen Staghound Mk.I Panzerwagen der 15. Poznanskich Ulanen zeigen, wie er den Vormarsch der 5. Kresowa Infanteriedivision deckt.

1. Die Materialien, welche ich gewöhnlich für diese Art von Arbeiten verwende, sind: 5 mm PVC-Schaumplatten, Kunststoff-Mauerplatten und normale Kunststoffplatten verschiedener Stärken.

2. Ich forme den Grundkörper des Dioramas und lege die verschiedenen Niveaus der Szene fest. Die Maße der Basis sind 26 x 27cm.

TEXTURIEREN MIT KUNSTSTOFF

3. Der Putz des Gebäudes wird aus 0,13 mm Kunststoffbögen zurechtgeschnitten.
4. Ich habe nun den Verlauf der Putzgrenzen, welche ich zuvor auf den Kunststoff aufgezeichnet hatte.
5. Der grüne Tamiya-Klebstoff wird für die Fixierung der Putzteile auf der Mauerplatte verwendet.
6. In den Bereichen, an denen der Putz fehlt, ist das nackte Mauerwerk sichtbar. Dies wird umgesetzt, indem auf die Oberfläche des Putzstückes großzügig Klebstoff aufgetragen wird. Der Klebstoff kann nun auf das Material einwirken und es anweichen.
7. Die geringe Dicke des Kunststoffbogens ermöglicht es, ihn aufzuweichen, und er legt sich in die Vertiefungen der Mauerstruktur. Mit feinem Sandpapier wird dies später noch überschliffen, da es hier nicht ganz so grob aussehen sollte.

TEXTURIEREN MIT GREEN PUTTY

8. Um rauhere Putzschichten zu schaffen, kann Green Putty von Squadron auf die benötigten Stellen mit einem beitelförmigen Messer aufgetragen werden.
9. Nach dem Trocknen wird der Putz durch Schleifen mit feinem Sandpapier verfeinert.

MAUERWERK AUS KUNSTSTOFFPLATTEN

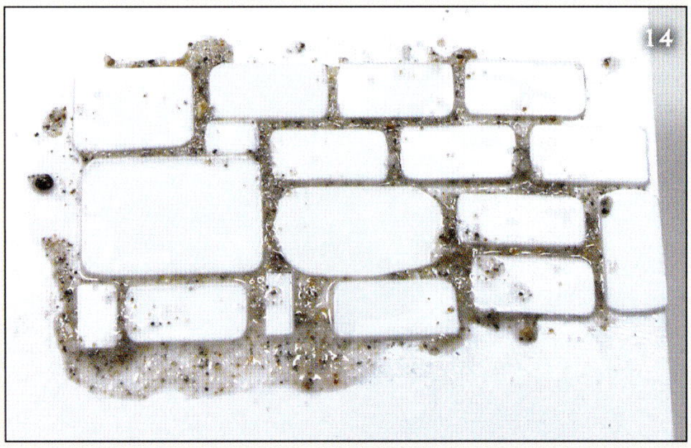

10. Der Bereich mit dem unregelmäßigen Stein- und Ziegelmauerwerk an der Eingangstür zeigt den Boden einer nun zugemauerten Tür. Er entsteht aus Evergreen-Kunststoffplatten verschiedener Stärke, um die uneinheitliche Oberfläche wiederzugeben. Die Kanten der einzelnen Steine werden mit Schleifpapier abgerundet, damit sie natürlicher wirken.

11. Ich klebe sie ungleichmäßig auf die Oberfläche und lasse dabei Fugen zwischen den einzelnen Steinen frei.

12. Der Mörtel zwischen den Steinen und Ziegeln wird mit feinem Sand nachgebildet, wobei ich sicherstelle, dass alle Fugen gefüllt sind.

13. So sollte es nun aussehen.

14. Unter Zuhilfenahme der Kapillarkräfte trage ich verdünnten Weißleim mit einem Pinsel auf.

15. Nach dem Trocknen prüfe ich, ob alle Fugen gefüllt sind. Der Vorgang kann beliebig oft wiederholt werden.

16

16-17. Die beiden sichtbaren Gebäudewände bestehen im Kern aus PVC-Schaumplatten, welche mit Öffnungen für Fenster und Türen versehen werden.
Dann werden Details wie Mauerplatten, unregelmäßige Mauerstellen und einige Kunststoffelemente hinzugefügt.

17

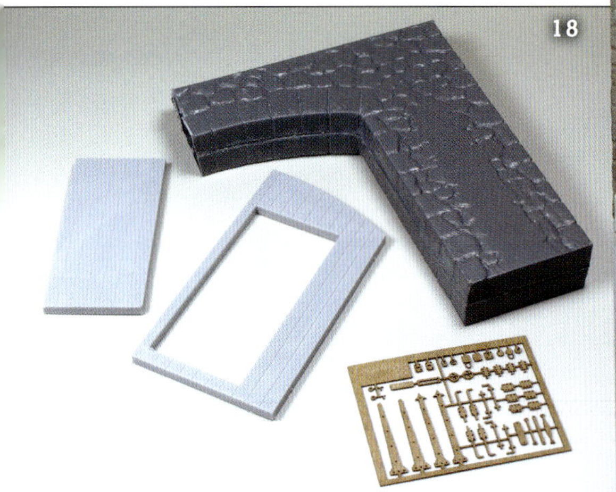

18. Tor und Torbogen. Miniart Nr. 35505 „French Farm Gate“ und Dejuguete Nr. 35306 Scharniere und Schlösser.

19. Der Torbogen wird nach dem Zuschneiden auf die passenden Maße platziert.

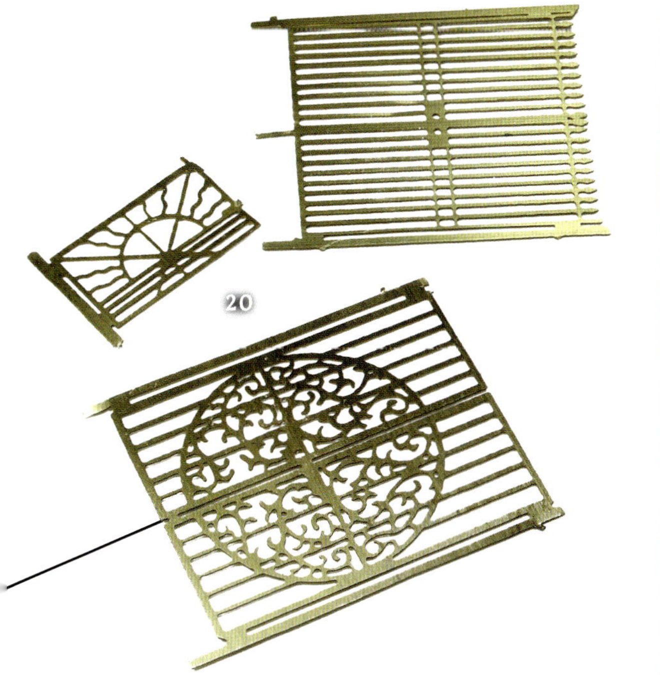

20. Das Ziergitter über der Tür entsteht aus einem Ätzteilrest eines Tores.

21. Die kleine Stützmauer wird aus einer Mauerplatte von Wills ("Coarse Stone" Nr. MP200) gefertigt.

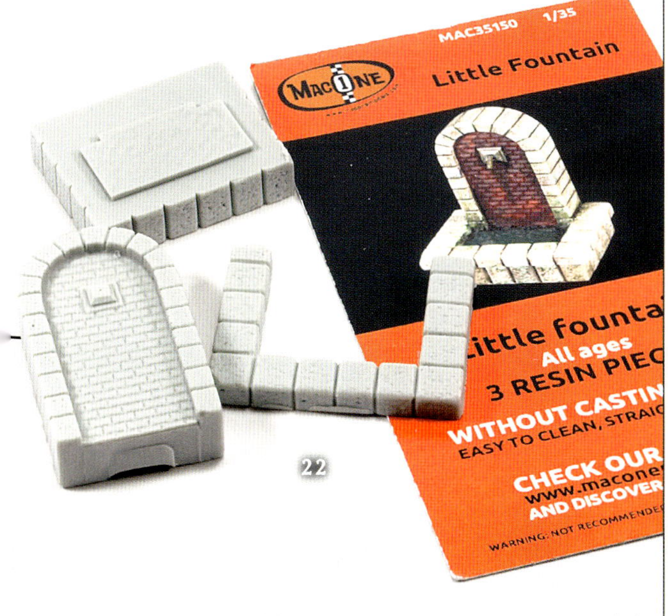

22. Es findet auch ein kleiner Brunnen von Macone Models (Nr. 35150) seinen Weg ins Diorama.

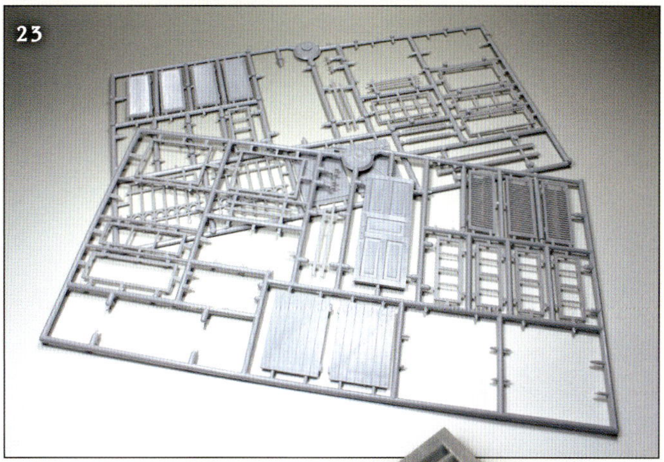

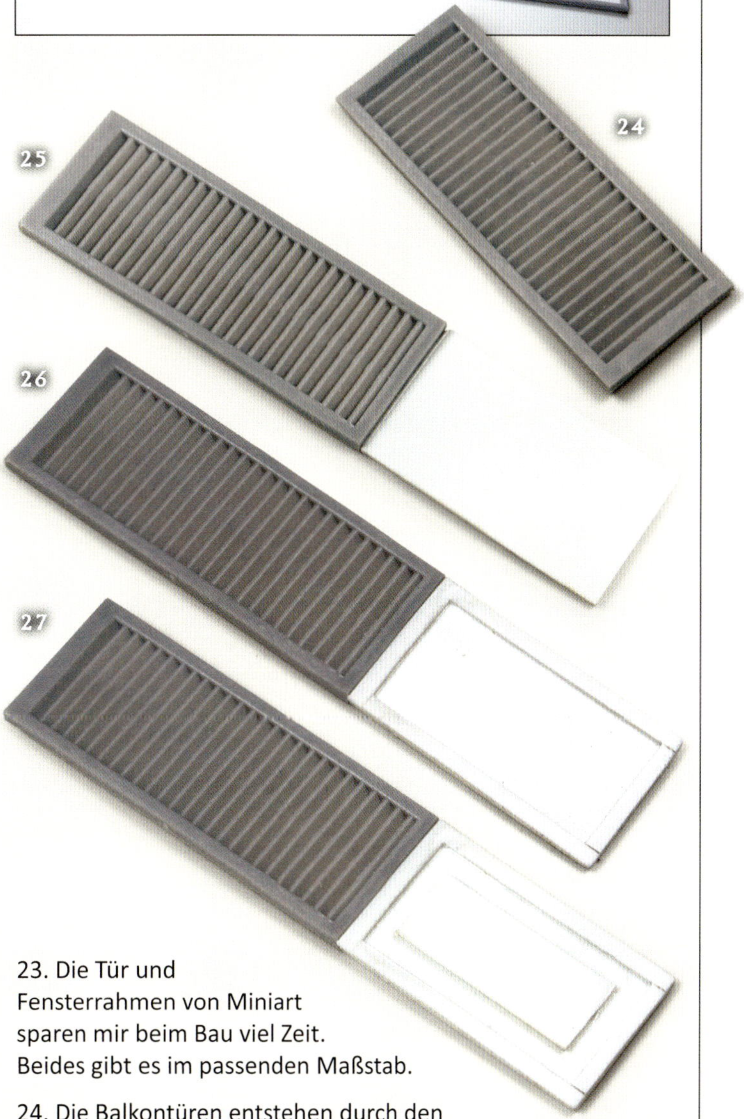

23. Die Tür und Fensterrahmen von Miniart sparen mir beim Bau viel Zeit. Beides gibt es im passenden Maßstab.

24. Die Balkontüren entstehen durch den Umbau der großen Fenster von Miniart.

25. Unter den Fenstern befestige ich 0,5 mm starken Kunststoff mit den Abmessungen 2,8 x 1,6 cm, so dass ich auf eine Gesamthöhe von 7 cm komme.

26. Der äußere Rahmen wird aus 0,2 mm starken Evergreen-Streifen gebaut.

27. Die erhabene Füllung entsteht aus einem 0,8 x 2 cm großen Kunststoffstück. Zum Schluss werden noch die Fugen verspachtelt.

28

28. Ich fahre fort, indem ich das Holztor und den Stützpfeiler derselben Firma montiere sowie Teile aus der Restekiste verbaue und neue Details aus Kunststoff anfertige.

DACHZIEGEL: Bau

29. Die Resin-Ziegel sind ein Produkt von Landscapes in Detail.

30. Der halbierte Torbogen von Miniart.

31. Ich beginne mit einem 0,3 mm starken Stück Aluminiumblech.

32. Ich schneide einige Streifen in ausreichender Länge zurecht. Mit einem Hilfsmittel aus Evergreen-Profilen forme ich die untere Ziegelreihe aus dem Blech.

33. Diese befestige ich mit Kontaktkleber.

34. Anschließend klebe ich die Resin-Ziegel einzeln auf und lasse dabei jeweils die nächste Reihe etwas überstehen. Wir sollten uns nicht unnöttg Gedanken über die absolute Symmetrie machen, da diese Art von Dächern oft recht unregelmäßig aussieht.

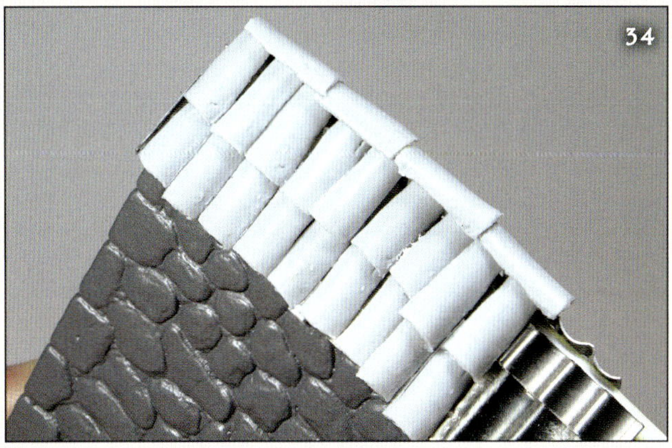

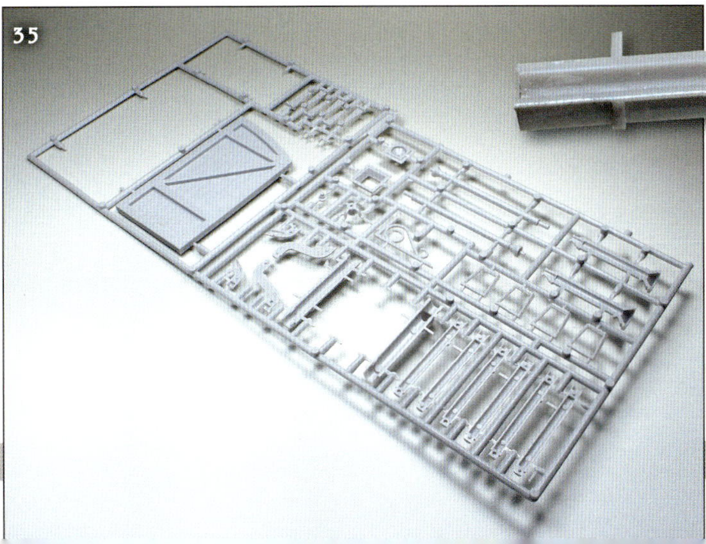

35. Die Regenrinnen stammen ebenfalls aus einem Set von Miniart.

36. Sie sind im Bausatz in Segmenten vorhanden, die beliebig aneinandergesetzt werden können. Die Stifte für die Verankerung in der Wand werden in vorgebohrte Löcher in der Rinne gesteckt.

37

37. Der Boden besteht aus DAS Pronto Modelliermasse, feinem Sand und einigen Steinchen.

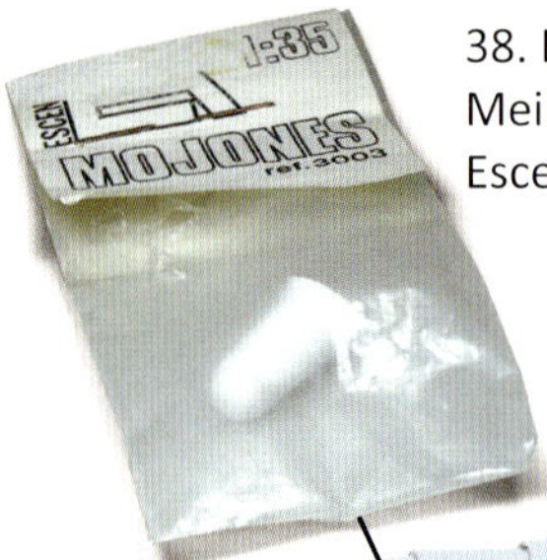

38

38. Ein Meilenstein von Escenart Nr. 3003

39

39. Die Jungfrau stammt aus einem in der Entwicklung befindlichen Bausatz von Mac One Models.

ISOLATOREN

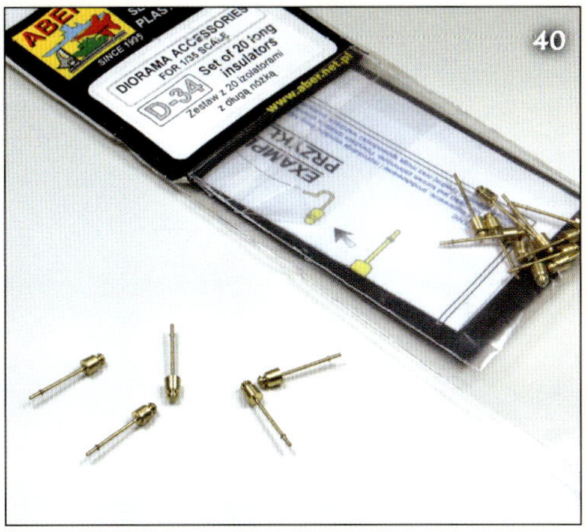

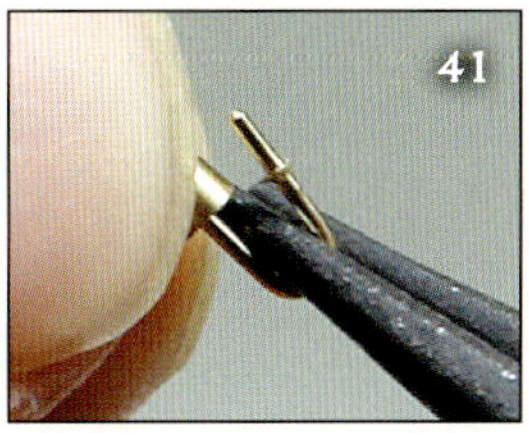

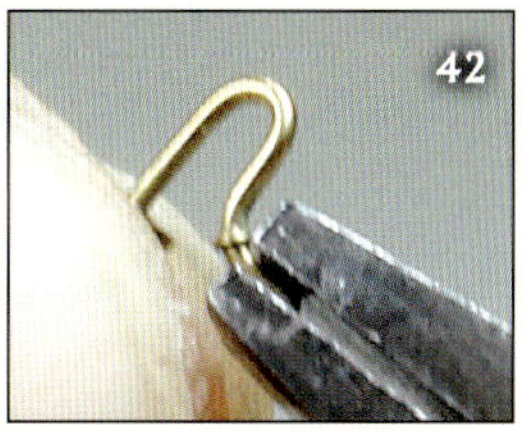

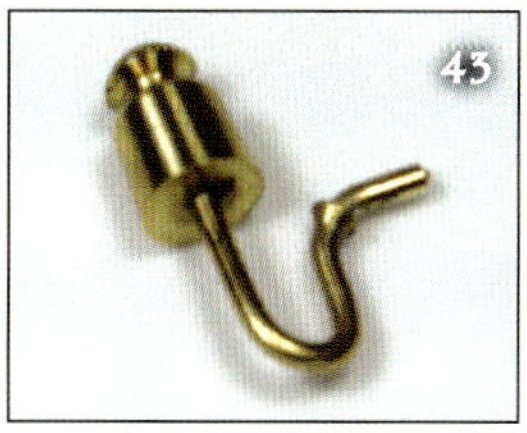

40. Die Isolatoren sind von Aber. Es sind hervorragend gedrehte Metallteile.
41. Mit einer Rundzange werden die Halterungen in Form gebracht.
42. Anschließend wird das letzte Stück an der Halterung, mit welcher die Isolatoren in der Wand befestigt werden, mit einer Flachzange umgebogen.
43. Der Isolator ist bereit für die Montage am Haus, und mit einem 0,3 mm Bohrer bohre ich ein Loch für die Befestigung in die Hauswand.

"GESCHMOLZENER" KUNSTSTOFF ALS SPACHTELMASSE

44. Die Spalten, die an der Verbindungsstelle der beiden Fassadenteile entstanden sind, werden mit einem einfachen Trick beseitigt. Ich brauche nur etwas Kunststoff von Resten von Bausatz-Gussrahmen und etwas Universalverdünner oder Azeton.
45. Ich gebe die Kunststoffteile in einen mit Verdünner gefüllten Behälter und lasse diesen einige Tage stehen.
46. Wenn die Teile zähflüssig geworden sind, kann ich anfangen, mit der entstandenen Masse zu arbeiten.
47. An der Hausecke können Sie den Spalt erkennen, der nun verspachtelt werden soll.
48. Ich trage den „geschmolzenen" Kunststoff mit einem Zahnstocher auf.
49. Ich warte, bis der Verdünner verdunstet und der Kunststoff hart geworden ist. Jetzt kann ich überschüssiges Material entfernen und die Oberfläche schleifen. Im Anschluss graviere ich das Mauerwerk mit einem Bastelmesser mit neuer Klinge nach.
50. Für die Nachbildung des Putzes im oberen Mauerbereich kommt wieder „Green Putty" Masse zum Einsatz, die mit einer beitelförmigen Klinge aufgetragen wird.
51. Mit Sandpapier werden nach ausreichender Trocknungszeit die Oberflächen der Putzoberflächen überarbeitet, bis deren Texturen dem gewünschten Ergebnis entsprechen.

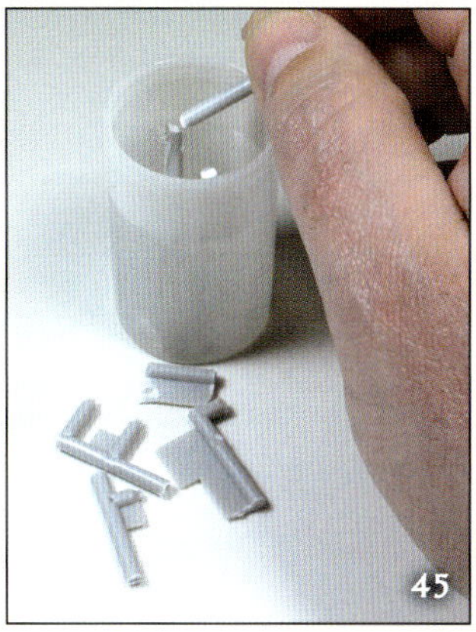

51. Ich trage eine Grundfarbschicht mit dem Airbrush auf, wobei jedes Element mit passenden Farben behandelt wird. So erhalte ich die richtige Farbgebung und eine gute Basis für die Bemalung mit dem Pinsel.

52

53

54

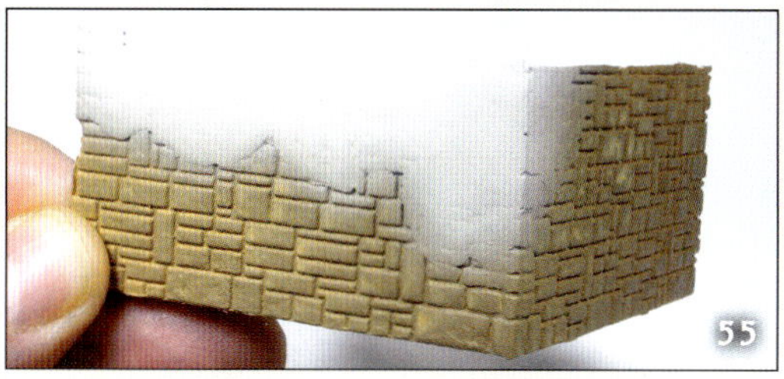
55

56

57

TEXTUREN: Bemalung

53 bis 57. Die verputzten Flächen der Fassade werden mit „Mr. Silicone Barrier“ von Mr. Hobby eingestrichen. Darüber wird XF-2 Matt Weiß von Tamiya aufgesprüht. Nach dem Trocknen entferne ich die Farbe wieder mit einem mit Wasser angefeuchteten Pinsel und einem Zahnstocher, um einen alten, abblätternden Anstrich nachzubilden.

58. Bewaffnet mit einer Palette und einer Reihe Vallejo-Acrylfarben lege ich die Farbgrenzen an und bemale dann alle Dachziegel mit variierenden Ocker- und Orangetönen. Dann wende ich mich dem Mauerwerk zu und gehe dort genauso vor, verwende jedoch eine Farbpalette aus überwiegend Ocker- und Brauntönen.

59. Jetzt kann ich den Unterschied zwischen den individuellen Farbflächen erkennen. Die gesamte Bemalung wirkt jedoch noch ziemlich flach.

60

60. Ockertöne von Tamiya werden nun auf Teile der Putzflächen aufgesprüht, wobei deren Ränder aber ausgespart werden. Auf die Zentren dieser Flächen trage ich einen lachsfarbenen Farbton auf, der bei mediterranen Gebäuden sehr verbreitet ist.

61. Aus Karton gelasertes Balkongitter von Dejuguete 01.

Die Szene ist nun bereit für verschiedene Verwitterungs- und Alterungsbehandlungen.

DACHZIEGEL: Bemalung

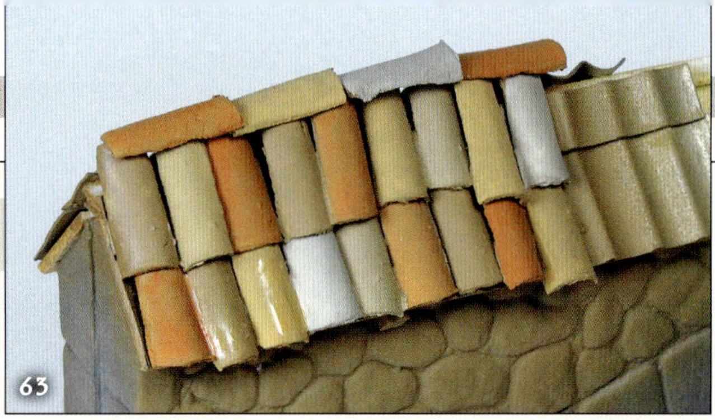

62. Als Grundlage für die folgende Bemalung sprühe ich eine Schicht XF-59 von Tamiya auf. Diese Farbschicht dient als Grundierung und als Grundfarbe. Nach mehreren Durchgängen ist das Dach gründlich mit Farbe bedeckt.

63. Im Anschluss werden alle Ziegel in verschiedenen Farbtönungen bemalt, wobei ich versuche, mit einer möglichst breiten Farbpalette zu arbeiten.

64. Die Ziegelreihe auf dem Dachfirst wurde beim Vorbild mit Mörtel befestigt. Dies versuche ich mit Gips, Wasser, schwarzen und braunen Pigmenten wiederzugeben.

65. Ich mische die Bestandteile, bis ich eine zahnpastaartige Konsistenz erhalte. Der Farbton der Masse braucht niemandem Sorgen zu bereiten. Beim Trocknen wird er wieder deutlich heller.

66. Mit einem kleinen Spachtel werden die Hohlräume unter und zwischen den Ziegeln gefüllt, ganz wie beim Vorbild.

67. Die Schwammtechnik hilft mir dabei, mit Acrylfarben die auf den Ziegeln haftenden Flechten und Moos nachzubilden.

68. Dunkle Washes mit Ölfarben werden nun gemacht, um die verschiedenen Farbtöne zu harmonisieren und die Details herauszuarbeiten.

69. Trockene Pigmente in den Vertiefungen ergeben ein staubiges Erscheinungsbild.

70. Ich schließe die Arbeit am Dach ab, indem ich überschüssige Pigmente mit einem Wattestäbchen entferne.

DER SZENE LEBEN VERLEIHEN: Abnutzungen und Alterungen

72

71

71. Ich beginne mit den unverzichtbaren Ölfarben. Es werden verschiedene Farbtöne genutzt, die pur oder auch untereinander gemischt vermalt werden.

72. Sepia wird mit einem feinen Pinsel in vertikalen Linien auf den oberen Bereich der Fassade aufgemalt. Mit einem in Terpentinersatz angefeuchteten Pinsel verblende ich vorsichtig die Linien mit senkrecht geführten Pinselstrichen.

73

74

75

73. Die feuchten Stellen am Fuß des Gebäudes werden mit einer Mischung aus Saftgrün und Gebrannter Siena, verdünnt mit Terpentinersatz, gestaltet. Für den Glanz gebe ich der Mischung noch etwas Glanzlack hinzu.

74. Fugen mit fehlendem Mörtel können sehr schön mit einer gut verdünnten Mischung aus Sepia und Gebranntem Umbra wiedergegeben werden. Die Farbe fließt gut zwischen die Steine und gibt ein Gefühl von Tiefe.

75. Das kleine Rinnsal am Abhang wurde mit Keramikklarlack, der mit Vallejos Grünocker eingefärbt wurde, angelegt.

76-77. Ich füge zwischen den Ziegeln auch die typische Vegetation hinzu. Es handelt sich dabei um kleine Seegrasstückchen, die mit Kontaktklebstoff befestigt werden.

SCHWALBENNESTER

78 bis 81. Unter einem mediterranen Dach dürfen die häufigen Schwalbennester nicht fehlen. Sie werden aus Magic Sculpt, vermischt und bedeckt mit feinem Sand, um die Struktur der Nester nachzuempfinden, geformt. Die Nester werden dann an ihren Platz am Modell gedrückt, ohne dabei ihre runde Form zu zerstören.

FENSTERLÄDEN: Malen alten und verwitterten Holzes

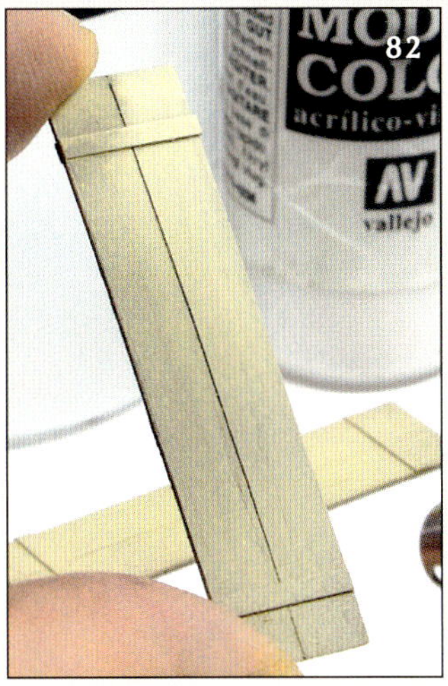

82. Türen und Fensterläden bedürfen ebenfalls einer passenden Verwitterungsbehandlung. Dafür habe ich sie zuerst dunkelbraun bemalt, dann mit „Mr. Silicone Barrier") eingestrichen und anschließend mit einer cremefarbigen Acrylfarbe eingesprüht.

83. Mit einem mit dem Messer angespitzten Zahnstocher mache ich einige Kratzer in die Farbe und folge dabei stets der Richtung der Holzmaserung.

84. Mit einem mit Wasser angefeuchteten Pinsel werden größere Farbabblätterungen durchgeführt.

85. Sobald ich mit dem Erscheinungsbild zufrieden bin, versiegele ich das Ganze mit mattem Acrylklarlack. Später werden die Details mit verdünnter Gebrannter Umbra Ölfarbe betont.

EFEU

86. Mit Efeuranken aus Papier und einigen gtrockneten Wurzeln, die auf einem Spaziergang gesammelt wurden, bilde ich die Pflanzen im Diorama nach.

87-88. Sobald die Wurzeln mit gelförmigem Canacrylatklebstoff befestigt wurden, klebe ich die Blätter eins nach dem anderen an. Dabei werden die Blätter zu den Rankenenden immer kleiner.

Der Sergeant ist ein Modell von Mantis Miniatures (Nr. 35004), dessen Kopf ich durch einen zur Szene besser passenden Gesichtsausdruck von Hornet ersetzte. Das Bren MG, das der Soldat trägt, wurde durch ein SMLE (Short Magazine Lee–Enfield) No.1 Mk III ausgetauscht, welches mit einer Hand von Hornet versehen wurde und noch Gurt aus Metallfolie erhielt.

Der Soldat mit dem No. 4 Mk I – eine modernisierte Version des ersten SMLE – stammt von New World Miniatures (NWM-35035). Ich habe nur den Helm ausgetauscht und Gurte hinzugefügt.

Der letzte Soldat, der mit dem Bren Gun MG schießt, ist von D-Day Miniatures (35019) und wird unverändert übernommen.

Für die Bemalung werden Acrylfarben, genauer gesagt die Farben aus Vallejos Model Color Reihe, verwendet. Dabei setze ich die üblichen Figurenbemalungstechniken ein. Der Khakiton der Uniformen besteht aus zwei leicht unterschiedlichen Mischungen, eine bräunlichere für den Sergeant und eine etwas grünlichere für die einfachen Soldaten.

Alle Figuren tragen auf ihren Ärmeln in Höhe der Schultern den roten Bogen mit der weißen Beschriftung „Poland“ und auf ihrem linken Ärmel das Abzeichen der 5th Polish Division (5 Kresowa Dywtzja Piechoty): ein brauner Büffel auf gelbem Hintergrund. Der Bren-Schütze trägt zusätzlich auf seinem rechten Ärmel das Zeichen der 8th Army, ein weißer Schild mit einem gelben Kreuz auf dunkelblauem Hintergrund.

FARBTAFEL

UNIFORMEN (Soldaten)
GRUNDFARBE:
Englische Uniform 921
+ Japanische Uniform 923
+ etwas Terrabraun hell 983
LICHTER:
Grundfarbe + Japanische Uniform 923 + Sonnige Hautfarbe 845
SCHATTEN:
Grundfarbe + Schwarzbraune Tarnung 822
+ etwas Schwarz 950

UNIFORM (Sergeant)
GRUNDFARBE:
Englische Uniform 921
+ Beigebraun 875
+ etwas Terrabraun hell 983
LICHTER:
Grundfarbe + Grünocker 914 + Sonnige Hautfarbe 845
SCHATTEN:
Grundfarbe + Schwarzbraune Tarnung 822 + etwas Schwarz 950

GURTE UND TASCHEN (1937 PATTERN WEB EQUIPMENT)
GRUNDFARBE: Grünocker 914 + Gelbgrün 881
LICHTER: Grundfarbe + Beige 976
SCHATTEN: Grundfarbe + Gelbgrün 881 + etwas US Oliv Drab 887
MK II HELM (BRODIE HELMET)
GRUNDFARBE: Erdbraun 873 + Gelbgrün 881 + etwas Mittelbraune Tarnung 826
LICHTER: Grundfarbe + Steingelb 882 + Ockergelb dunkel 977
SCHATTEN: Grundfarbe + Schwarz 950

89. Die Arbeit wird mit dem Hinzufügen einer Lampe beendet. Für ihren Bau kam Aluminiumdraht der nun nicht mehr existierenden Firma Minimeca Modelismo zum Einsatz. Dieser Draht besaß die geeignete Dicke und Steifigkeit, so dass er sich nicht von alleine verbiegt. Die Lampe selbst war ein übriggebliebenes Bauteil von Tamiya. Die Verkabelung entstand aus Kupferlitze. Mit diesem letzten Detail betrachte ich den Bau der Szene als abgeschlossen.

89

90

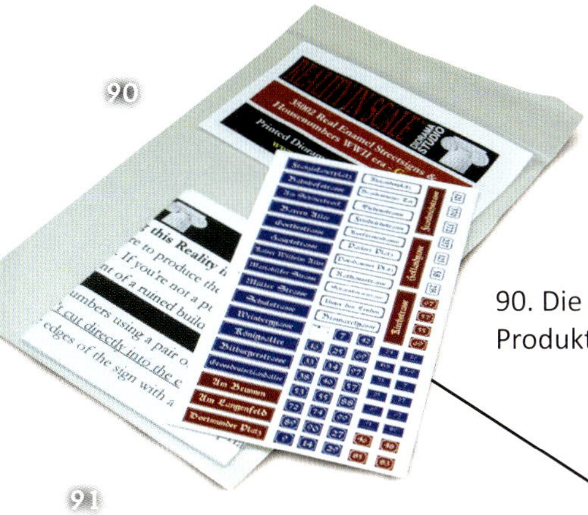

90. Die Hausnummer ist ein Produkt von Reality in Scale.

91

91. Der Bewuchs stammt von der Firma Green Stuff (Nr. 8436554362455ES “Shrubs, grass –self-adhesive-“ 6mm - Realistic Green).

92. Die Rückseite der Mauer mit dem Tor wird nicht vernachlässigt, auch wenn es sich dabei um einen toten Winkel der Szene handelt, der kaum betrachtet wird. Ich lehne einige Bretter gegen die Wand und platziere eine Holzkiste mit Glasflaschen.

5

17

Frederik Astier

Wie viele begann ich als Kind den Plastikmodellbau mit den 1:72 Bausätzen von Matchbox und etwas später mit den Italeri-Bausätzen im Maßstab 1:35. Die Arbeiten von François Verlinden, die ich in den frühen 80er Jahren entdeckte, waren eine wahre Offenbarung und haben mich bei meinen ersten Dioramenversuchen inspiriert. Später hielt mich das Berufsleben von meinem Hobby ab. Gegen Ende der 90er Jahre konnte ich jedoch meinen Beruf als Fotograf und das Modellbauhobby zusammenbringen. In dieser Zeit begann meine Beziehung zum "Steel Masters" Magazin, das bis heute unzählige Dioramen vorstellt. Seit einigen Jahren beschäftige ich mich nun ausschließlich mit meinem Hobby und im Besonderen mit Fahrzeugdioramen der Zeit vom Ersten Weltkrieg bis heute.

Inspiration

Ich habe mich schon immer für Geschichte interessiert und ganz besonders für die modernen Konflikte nach 1945, da es zu ihnen so viele Augenzeugenberichte gibt und eine riesige Menge ikonographischen Materials existiert. Die Wiedergabe der Realität in Miniatur wurde zu einem Mittel, um meine Kreativität zu stimulieren. Zusätzlich hat auch die Vielzahl an Kampffahrzeugen und Flugzeugen dazu beigetragen, mich auf den Militärmodellbau zu spezialisieren. Der Bau von Dioramen war jedoch immer meine wahre Passion. Einen Hintergrund zu gestalten und eine Szene mit Aussagekraft zu erdenken, war stets meine Hauptmotivation. Die Recherche und die Fassung von Ideen in Konzepte erlaubte mir, Interesse an einer breiten Reihe an Themen zu entwickeln, wie z.B. Architektur, Bautechniken, Geographie, Geologie, Pflanzen und sogar ein wenig die Mode der 1940er Jahre! Dies ist wirklich ein lohnenswertes Hobby.

Dioramen sind für mich wie die Fotografie. Ein Diorama stellt einen Schnappschuss dar, einen Ausschnitt einer Handlung, die neugierig darauf macht, was wohl vorher geschehen ist, oder nachher noch geschehen wird. Wieso befindet sich ein Fahrzeug oder eine Figur in einer bestimmten Position, wie geschah es, dass ein Gebäude derartig zerstört wurde usw. Die Vorbereitungen vor dem Bau sind entscheidend, wenn die Szene vom Betrachter erfasst werden soll und so viele realistische Details wie möglich in einem Diorama untergebracht werden sollen.

Ich möchte meinem Freund Rodrigo Chacón danken, dass er mich an diesem Projekt teilhaben ließ, und möchte auch seinem Vater Rodrigo Hdez. Cabos danken, der seit mehr als 15 Jahren eine Quelle unerschöpflicher Inspiration ist.

Robert Döpp

Ich wurde am 11. Dezember 1966 in Hannover in Deutschland geboren. Soweit ich mich erinnern kann, begann ich mit dem Modellbau im Alter von acht Jahren. Mein erstes Modell war ein Schiff (die HMS Hood), das ich einfach nur zusammenklebte, ohne es zu bemalen. Eine lange Zeit ist seitdem vergangen!

Mein Vater zeigte mir, wie Militärflugzeugbausätze zusammengebaut und bemalt werden - fast ausschliesslich die Bf 109. Bald wuchs aber auch mein Interesse an Militärfahrzeugen, Figuren und Dioramen, nachdem ich die großartigen Arbeiten von Shepard Paine und François Verlinden kennenlernte.

Als ich ins Erwachsenenalter kam, konzentrierte ich mich auf hedonistischere und unverkleinerte Dinge. In meinen frühen dreißiger Jahren brachte mich ein vages Verlangen nach Kreativität zurück zum Modellbau. Ich begann, meine Arbeiten zu dokumentieren und in verschiedenen internationalen Magazinen veröffentlichen zu lassen.

Seitdem habe ich mich ausschließlich auf deutsche Panzerfahrzeuge des Zweiten Weltkriegs konzentriert. Obwohl ich in verschiedenen Maßstäben gebaut habe und meine Projekte einige Zeit begrenzter waren, um mich tiefer mit bestimmten Details auseinanderzusetzen, war meine Idealvorstellung stets, die vielen Modellbauaspekte in Szenen einzubringen.

Vielleicht, weil ich in meinen zwanziger Jahren Geschichte studierte, habe ich auch beim Modellbau versucht, die Geschichte, die den Modellen zugrundeliegt, zu erzählen. Die Tatsache, dass ich angefangen habe, meine eigenen Figuren zu modellieren, hat meine Fähigkeiten, eine Geschichte zu erzählen, stark bereichert.

Der große Maßstab des Modells meines Beitrags in diesem Buch schränkte natürlicherweise die Möglichkeiten der Szene ein. Sie stellt nichtsdestotrotz eine Art Quintessenz meines Modellbauerlebens dar: Eine Szene, die viele Aspekte des Modellbaus vereint, wobei jeder Teil über einen hohen Grad an Details verfügt.

Volker Bembennek

Der Modellbau ist nun schon seit einer langen Zeit ein Teil meines Lebens. Ich kann mich noch gut an die schöne Eisenbahnanlage meines Bruders erinnern, für die ich die Landschaft und Gebäude gebastelt habe. Später haben mich Düsenflugzeuge im Maßstab 1:76 fasziniert. Damals verwendete ich nur eine Haushaltsschere und etwas "UHU" für den Zusammenbau dieser Bausätze ... Die Ergebnisse waren bescheiden, aber ich hatte Spaß dabei. Über die Jahre praktizierte ich dieses Hobby mal mehr mal weniger und versuchte mich an allen Arten von Modellen und Maßstäben. Ein besonderes Interesse habe ich am Architekturmodellbau, den ich auch als Studentenjob während meines Studiums ausübte.

Ich entdeckte den Maßstab 1:35 im Jahr 1997 für mich, als ich einige Bücher von Verlinden und Sheperd Paine sah. Die geweckte Begeisterung war so groß, dass sie mich seitdem nicht wieder verlassen hat. Und auch das Internet mit seinen Möglichkeiten, das die Entfernungen so klein gemacht hat, macht es so leicht, an Inspirationen aus aller Welt zu gelangen.

Ich halte also stets meine Augen nach neuen Techniken und Materialien offen und bin mir sicher, dass dieses schöne Hobby uns noch sehr lange in Bewegung hält.

Für mich ist der Bau eines Dioramas die höchste Disziplin unseres Hobbies. Es vereint drei Hauptkategorien:

1. Bau und Bemalung von Fahrzeugen
2. Bau und Bemalung von Figuren
3. Bau und Bemalung von Gebäuden und Landschaften.

Wenn man alle drei Disziplinen beherrscht, sind die kreativen Möglichkeiten wahrlich endlos. Des Weiteren besteht meine Philosophie darin, mit dem Modell eine Geschichte zu erzählen. Meiner Meinung nach ist dies nur möglich, mit einer geeigneten Umgebung das Modell in seinen historischen Kontext zu setzen. Figuren stellen ebenfalls eine Hauptrolle bei dem Erzählen von Geschichten dar. Sie verleihen Leben und eine menschliche Note. Bitte zögern Sie also nicht, eine Figur zu ihrem nächsten Modell hinzuzufügen oder einen kleinen Dioramensockel zu bauen. Ich verspreche Ihnen, dass Sie damit den nächsten Level im Modellbau erreichen und eine noch größere Befriedigung aus Ihrem Hobby ziehen werden.

VISIT

DESERT HULK
BUNNY CLUB
SGT LEROY
USA GO HOME
M109 A6 „PALADIN“ 155MM ARTILLERY SYSTEM

Javier Redondo

Der Bau eines Dioramas ist die umfassendste Disziplin in diesem Hobby. Er erlaubt uns, eine Welt zu betreten, in der wir verschiedene Elemente, Ambiente, Gebäude, Fahrzeuge und Figuren miteinander arbeiten und interagieren lassen können. Ein Diorama ermöglicht uns, eine von uns ausgedachte Idee oder auch ein Szene, die wir auf einem Bild gesehen haben, zu entwickeln. Die tatsächliche Möglichkeit, eine Geschichte erzählen zu können, die Verwendung von Materialen, die nicht das typische Plastik sind, die Herausforderung eines maßstäblichen Nachbaus und der Gestaltung einer glaubwürdigen Szene bilden einen süchtigmachenden und aufregenden Aspekt des Modellbaus. Dies kann voll mit Herausforderungen sein, ist aber äußerst befriedigend.

Zweifellos stellt der Dioramenbau die höchste Disziplin für Modellbauer dar.

42
ЗА РОДИН

DIDIER
Huile et Accessoires
CITR
4
PK

TECHNIKEN

ZIEGEL

Seiten: 11, 47, 62, 63, 64, 73

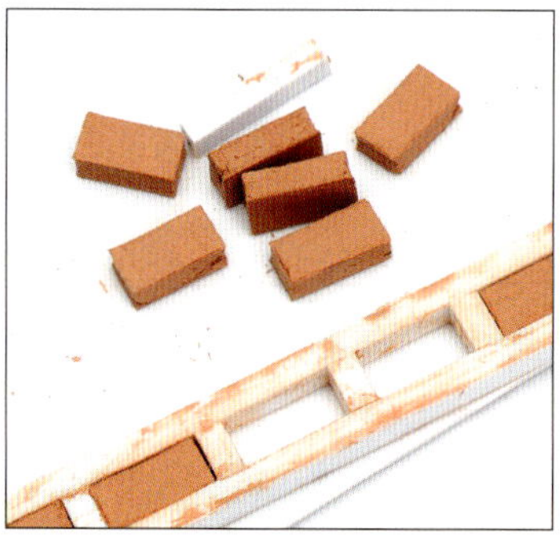

ZIEGEL: Bemalung

Seiten: 19, 48, 65, 66, 67, 75

HOLZ

Seiten: 9, 81

HOLZ: Bemalung

Seiten: 17, 18, 82, 83, 137

STEINMAUER: aus Modelliermasse Seiten: 10, 14, 94 ,95

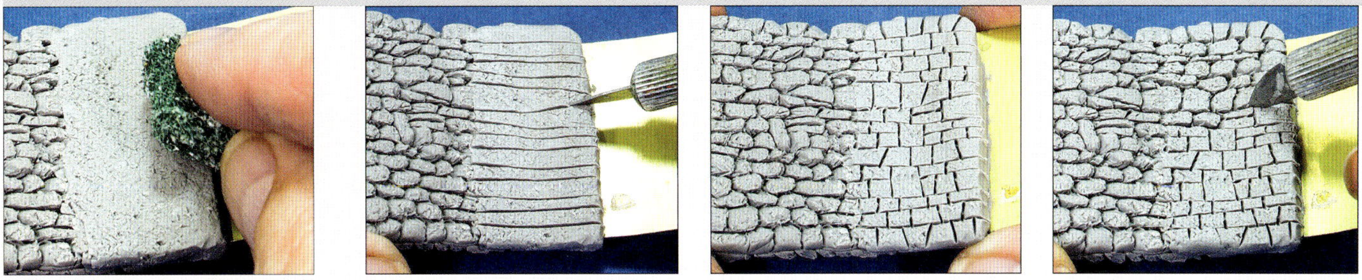

STEINMAUER: aus Balsa-Foam Seiten: 100, 101, 102, 103, 104

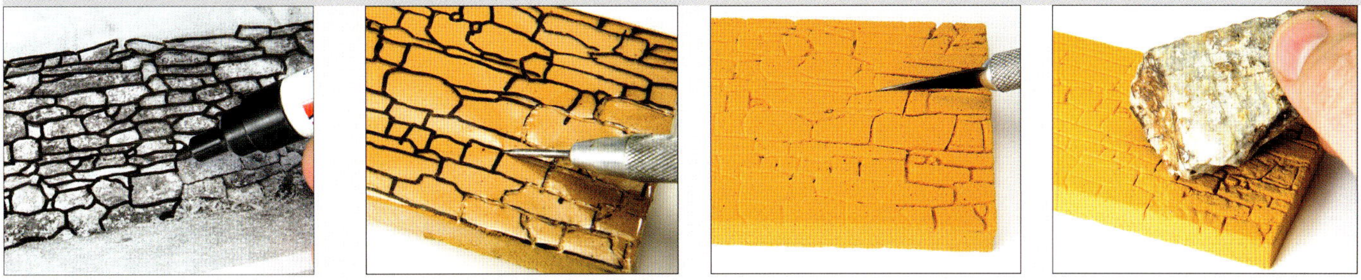

STEINMAUER: Stein-für-Stein-Aufbau Seiten: 107, 108, 109

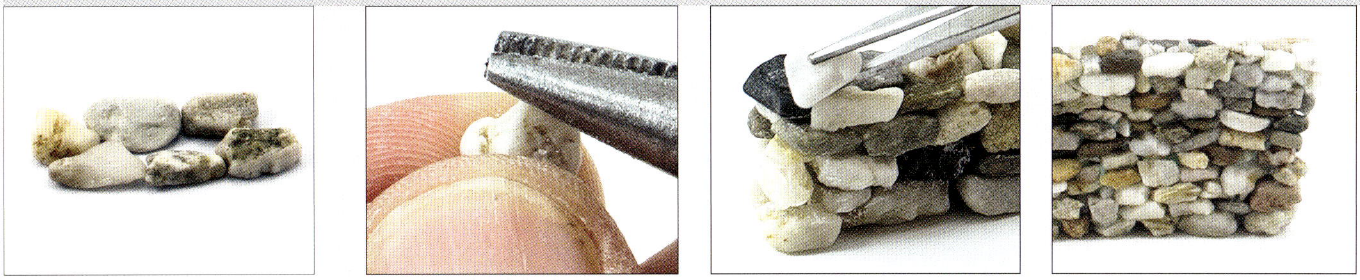

STEINMAUER: Bemalung mit Acrylfarben Seiten: 96, 97, 98, 99, 104, 105, 106

STEINMAUER: Bemalung mit Acryl- und Enamelfarben Seiten: 109, 110, 111, 112

PUTZ Seiten: 75, 119,

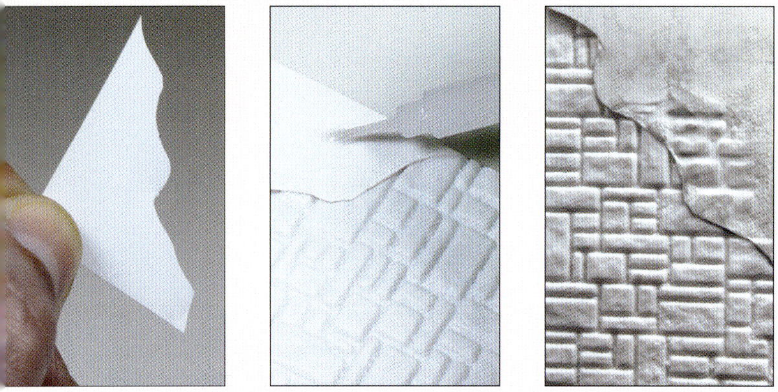

PUTZ: Bemalung Seiten: 76, 129

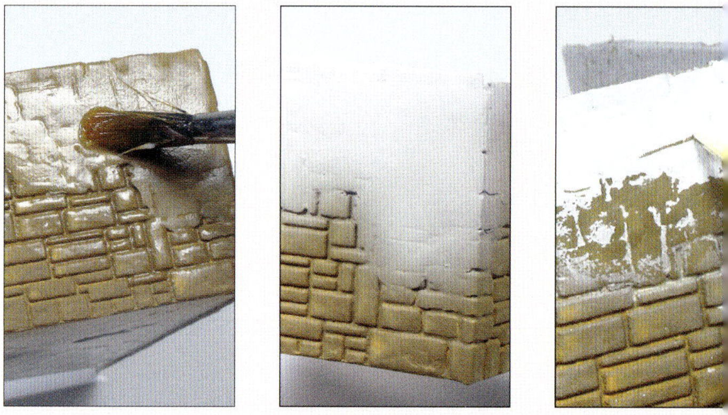

Thematischer Index